依烹調技法
學做正統法國料理

調理法別フランス料理

SAUTER
·
RÔTIR
·
CUIRE EN CROÛTE
·
POÊLER
·
FRIRE
·
GRILLER
·
POCHER
·
POCHER
À COURT-MOUILLEMENT
·
CUIRE À LA VAPEUR
·
BRAISER
·
RAGOÛT

辻調理師專門學校——著　陳心慧——譯

contents

關於本書的調味料
●本書使用無鹽奶油。
●單純寫作「胡椒」的調味料，代表白胡椒粉。
●本書使用乳脂肪含量 45 ～ 48% 的鮮奶油。
●沒有特別要求的話，鹽使用的是精製鹽，砂糖使用的則是白砂糖。

本書的注意點
●請選用可以放入烤箱的耐熱鍋子和容器。
● 1 杯指的是 200㎖。

section 【shallow-fry】

1 | sauter

sauter 指的是用平底鍋或淺鍋加熱油脂，煎魚、肉，或是炒蔬菜的烹調法，在日本家常料理當中也十分常見。這種加熱方式多半是將切成相同大小的食材以較高的溫度封住食材表面，讓食材在短時間內熟透。如此一來，食材的鮮味不會流失，可以烹調出香脆多汁的料理。

本章介紹的煎牛肉或煎肥肝等，烹調時不移動食材的香煎料理是「sauter」最典型的作法，另外也有像炒蕈菇或蔬菜等這種一邊搖動平底鍋或食材，一邊拌炒的作法。

另外，將食材裹上麵粉後用大量奶油香煎的「meunière 烹調法」（sauter "meunière"），以及裹上麵包粉麵衣後像油炸般油煎的「côtelette 烹調法」（sauter "panés"），由於二者皆是用油脂香煎，因此就這一層的意義上，和「sauter」屬於同類。

順道一提，平底鍋的法文稱作「poêle」，因此像本章所介紹的「南法風味香煎鱸魚」這種用平底鍋香煎食材的烹調法被稱作「poêlé」，同樣與「sauter」屬於同類。然而，第 4 章所介紹的「poêler 烹調法」（參照 58 頁），雖然發音相同，但卻是完全不同的烹調法。

就像這樣，「sauter」的領域廣泛，但相通的烹調重點在於加熱器具、鍋子以及平底鍋的使用方式。例如，準備材質較厚的 sauter 專用鍋或平底鍋。鍋具的大小和放入的食材量，二者間的平衡會大大影響成品的美味程度。

無論是哪一種烹調法，首先都必須掌握所需器具的特性，運用自如，讓器具發揮其最大功效是料理的第一步。「sauter」正是最適合邁出那第一步的烹調法。

A. 煎、炒
sauter

共有兩種作法，其一是在不搖動平底鍋或食材的情況下將食材兩面煎得香脆，最具代表性的是不讓肉汁流失的煎牛排。另一種作法則是一邊搖動鍋子，一邊拌炒切成小丁的蔬菜。

- 芥末風味香煎菲力牛排（8 頁）
- 香煎雛雞佐獵人醬汁（11 頁）
- 嫩煎肥肝佐黑松露醬汁（14 頁）
- 新產馬鈴薯炒蕈菇（16 頁）

Point 1 選擇材質厚、大小適中的鍋子或平底鍋

首先，準備材質厚的鍋子或平底鍋。最好選擇一旦加熱後溫度就不容易下降，且熱傳導慢、不會帶給食材劇烈溫度變化的鐵製或銅製鍋具。

接下來，根據食材的大小和量，選擇適當大小的鍋子或平底鍋。如果鍋具過大，則食材和食材間的空隙會讓油脂，特別是奶油容易燒焦。另外，附著在鍋底的精華燒焦後有損風味，無法用來製作醬汁。

相反地，如果食材過於擁擠，則熱能無法均勻分布，食材會被自己產生的水分蒸熟，做出來的料理就不夠香。因此，比起小的鍋具，最好還是使用比較大的鍋子或平底鍋。

Point 2 要還是不要搖動平底鍋

蔬菜或蕈菇等食材適合一邊搖動平底鍋，一邊快速加熱。相反地，像牛排等體積比較大的食材，烹調時如果搖動鍋子或食材，則無法煎出美味的顏色，因此最好不要移動食材，慢慢加熱。另外，如果食材比較大塊，則中央部位很難熟透，因此有時會在中途改以烤箱加熱。

「sauter」時如果蓋上鍋蓋，則食材會被自己產生的水分蒸熟，得不到「sauter」烹調法應有的香氣，因此原則上不蓋鍋蓋。

Point 3 放入食材的時機決定成敗

決定「sauter」是否成功的關鍵之一就是確實在油脂達到適溫時放入食材。平底鍋內放入油脂加熱，當奶油的氣泡從大漸漸變小且稍微上色的時候，就是放入食材的最佳時機（參照 7 頁 右上的照片）。如果誤判了這個時機太早放入食材，則煎不出漂亮的色澤，太遲則容易燒焦。根據食材、油的種類和其狀態，掌握放入食材的最佳時機。若想要做出美味的「sauter」料理，必須具備看準時機的眼力。

鍋具大小和食材的平衡

肉與肉之間最好保有如照片所示的間隔。這樣的間隔可以讓肉四周的油脂隨時保持起泡的狀態。如果間隔過大，則油的溫度會過高，是造成燒焦的原因。

「sauter」較小食材時要搖動平底鍋

法文「sauter」的原意是跳躍。如同字面上的意義，甩動、搖晃鍋子，同時利用鍋子的側面拌炒，讓食材在鍋中跳躍。利用高溫在食材表面形成一層保護膜，將水分鎖住，做出來的料理才會既香又多汁。

B. | 用平底鍋煎
poêler

從魚皮面開始加熱至八～九分熟

平底鍋加入油脂，充分加熱後再放入食材，保持一定溫度。新鮮的魚塊加熱後會翹起來，因此煎的時候要用抹刀壓住，讓魚可以均勻上色。從魚皮面開始加熱至八～九分熟，煎出酥脆的魚皮。

魚皮香酥、魚肉蓬鬆

等到魚皮上色之後翻面，魚肉的部分微煎一下就可以起鍋。尤其是魚肉很快就熟了，為了避免魚肉變得乾澀，注意不要過度加熱，利用餘溫煎出口感蓬鬆的魚肉。

這是用經過充分加熱的平底鍋煎食材的烹調法，最適合用來煎表面香脆、中央多汁、口感飽滿的帶皮魚塊或扇貝等。

作法和要點與 A 的「sauter」並沒有明確的區分，可以視為是「sauter」的技法之一。「poêlé」經常會使用經過鐵氟龍加工的平底鍋，減少用油量。由於比較健康且口感輕盈，因此近年來成為了主流的加熱方式之一。

● 南法風味香煎鱸魚（18 頁）

Point
1 食材的切法

由於這是屬於短時間加熱的烹調法，因此必須將食材切成相同大小，讓食材更容易熟透。食材最好有一定的厚度，尤其是同時煎好幾塊的時候，將食材切成同樣的大小與厚度是一件非常重要的事。誤判翻面的時機是造成食材熟度不均的原因。

Point
2 不移動食材，從魚皮開始慢慢煎

使用材質厚的平底鍋，加入油脂，充分加熱後再放入食材，從魚皮面（盛盤的那一面）開始煎，就可以煎出酥脆的成品。如果溫度過低，則魚肉的水分流失，肉質容易變得乾澀，且魚皮也容易黏在平底鍋上。除了翻面之外不要移動食材，慢慢煎出香味四溢的漂亮色澤。

＊除此之外的要點基本上與 A 的「sauter」相同，平底鍋的厚度、大小與食材間的平衡也同樣重要。

C. | 粉煎
sauter "meunière"

「meunière」在法文中代表的是麵粉店或製粉業的意思，指的是食材裹上麵粉後再用大量的奶油「sauter」而成的料理。主要應用在海鮮類，當中又以脂肪成分少的白肉魚等味道淡泊的食材最為合適。做出來的料理充滿奶油的風味，表面香酥，食材不會過於緊實，口感蓬鬆。

● 粉煎扇貝佐燉青豆（20 頁）
● 格勒諾布爾風味粉煎牛舌魚（22 頁）

＊要點與 D.「sauter "panés"」相同。

D. 裹麵衣香煎
sauter "panés"

這是裹上麵包粉麵衣後「sauter」的烹調法。雖然是裹上麵衣後加熱，但不像油炸般使用大量的油，而是使用大約到達食材 ⅓ ～一半高度的油，像油炸般油煎，因此口感上大不相同。用加了奶油的油脂慢慢加熱，煎出的外衣風味十足，酥脆卻又輕盈。

● 油煎豬腿排（24 頁）
● 香草麵包粉油煎鱸魚佐鯷魚風味油醋醬（26 頁）

等到油稍微上色後放入食材

奶油加熱後的變化如下。①奶油融化，冒出大的氣泡。②氣泡變小（還未上色。如照片上）。③稍微上色（如照片下）。④氣泡消失，顏色呈現褐色（beurre noisette）。放入食材的時機是③的狀態，在呈現淡褐色的細小泡沫中加熱。

香氣四溢、色澤漂亮的麵衣

「sauter」是從盛盤的那一面開始煎。如果希望煎出如照片所呈現的漂亮色澤，則必須小心不要讓奶油燒焦。調整火力，讓奶油一直保持在有如慕斯般細小泡沫的狀態。偶爾搖晃平底鍋，讓食材均勻加熱。

Point 1　在裹上麵粉前嚴禁碰水

食材如果沾到水，則麵粉會吸收水分，加熱時會產生有如仙貝般脆硬的口感。因此，在裹上麵粉之前一定要將水分充分擦拭乾淨。

Point 2　均勻地裹上麵衣

在裹麵粉、蛋液、麵包粉等麵衣時的重點就是要均勻。如果麵衣裹得不均勻，那麼熟度和表面的色澤便會不均。多餘的麵衣在加熱的過程中容易脫落，燒焦的多餘麵衣是汙染油脂和麵衣的主因。將食材整體裹上大量麵衣後再拍去多餘的麵衣，這是均勻裹上麵衣的要訣。

Point 3　油脂扮演的角色主角是奶油

在裹上麵衣後「sauter」的烹調法當中，大量的奶油扮演的是為麵衣增添風味的調味料角色。然而，如果只用奶油則容易燒焦，因此多半會搭配沙拉油等，二者的比例大約是等量。又或是不用沙拉油，僅用不容易燒焦的無水奶油（參照 172 頁）加熱。油脂的總量是食材放入平底鍋後大約到達食材的一半高度。如果油過少，則熱傳導不平均，熟度和上色程度便會不均。

＊除此之外的要點基本上與 A 的「sauter」相同，平底鍋的厚度、大小與食材間的平衡、油脂的溫度、放入食材的時機也同樣重要。

芥末風味香煎菲力牛排

Filet de bœuf sauté, sauce à la moutarde

菲力是牛肉最柔軟且脂肪最少的部位。
簡單的香煎菲力牛排最能享受到菲力細膩且高雅的口感。
將牛排煎得又香又多汁,再搭配上芥末風味的醬汁。

烹調要點

1	使用材質厚的鍋具
2	配合肉的大小選用適當的鍋具
3	煎之前將肉放置在室溫下回溫
4	在「這個時候」將肉放入鍋中
5	不要任意移動肉
6	基本上不蓋鍋蓋
7	煎完後靜置與烹調等長的時間
8	善用附著在鍋底的濃縮精華

等到奶油融化、氣泡變得細緻、奶油略為上色的「這個時候」,就是將肉放入鍋中的最佳時機。千萬不可錯過這個瞬間。

善用附著在鍋底的濃縮精華,將這些精華溶於醬汁當中是製作醬汁的基本原則。這些精華如果燒焦了,則製作出的醬汁會帶有焦臭味,因此在煎肉的時候也要特別留意鍋底。

材料（4 人分）

菲力牛肉（120g）⋯⋯⋯⋯⋯⋯4 塊
芥末風味的醬汁
┌ 紅蔥頭（切碎）⋯⋯⋯⋯⋯⋯50g
│ 奶油⋯⋯⋯⋯⋯⋯⋯⋯⋯⋯⋯10g
│ 馬德拉酒（可用紅酒替代）⋯150ml
│ 濃縮的小牛高湯 ＊
│ （fond de veau）⋯⋯⋯⋯⋯400ml
│ 顆粒芥末醬⋯⋯⋯⋯⋯⋯⋯30g
│ 奶油（提味用）⋯⋯⋯⋯⋯⋯20g
└ 用水調勻的玉米粉⋯⋯⋯⋯適量
四季豆⋯⋯⋯⋯⋯⋯⋯⋯⋯⋯100g
新產馬鈴薯炒蕈菇（參照 16 頁）
┌ 新產馬鈴薯⋯⋯⋯⋯⋯⋯⋯120g
│ 蕈菇類（綜合）⋯⋯⋯⋯⋯⋯60g
└ 大蒜、巴西里⋯⋯⋯⋯⋯各適量
◎ 鹽、胡椒、沙拉油、奶油
＊ 800ml 的小牛高湯熬煮至 400ml。

作法

〔肉的準備〕

（1）為了促進煎牛排時的熱能傳導，先將牛肉放在室溫下回溫。用細繩將牛肉綁成圓形，兩面撒上鹽和胡椒。

〔將肉煎至 5 分熟〕

（2）在材質厚的淺鍋（或平底鍋）倒入大量的沙拉油和奶油。油量大約是從鍋底算起 1 ～ 2mm 的高度。等到油達到適溫（氣泡變小、奶油略為上色）後，放入牛肉。

（3）將希望當作正面的那一面朝下放入鍋中，稍微滑動。此舉是為了讓肉的下方也能沾到油。之後就不要任意晃動肉和鍋子，慢慢煎。

（4）維持肉的周圍油脂冒出細小的泡沫，在這樣的狀態下煎肉，肉汁就會浮上表面，肉質變得濕潤。如果希望煎出 5 分熟的牛排，這時就是翻面的時機。確認已經煎出漂亮的色澤後翻面。

（5）反面也以同樣的方式續煎。等到牛肉隆起，肉汁開始滲出後，用手指輕壓表面，如果感受到回彈的彈力，這時就是起鍋的時機。

（6）如果牛肉比較厚，可以用滾動的方式迅速地將側面煎熟。

（7）將牛肉放在網架上靜置與烹調等長的時間。這是為了使肉汁穩定回流，讓肉質變得柔軟多汁。

〔製作醬汁〕

（8）倒掉鍋中的油脂，利用附著在鍋底的精華製作醬汁。

（9）鍋中加入奶油，將切碎的紅蔥頭炒軟（這個動作法文稱作「suer」）。

（10）加入馬德拉酒，溶解附著在鍋底的精華（déglacer）。

（11）不時攪拌，用小火熬煮至剩下¼量。

（12）加入小牛高湯攪拌，繼續熬煮入味。

（13）用極細圓錐形濾網（chinois）過濾。

（14）再度開火加熱。如果濃度不夠，可以加入用水調勻的玉米粉調整濃度。

（15）加入提味用的奶油，搖晃鍋子讓奶油融化，增添風味（monter）

（16）最後加入顆粒芥末醬，再用鹽和胡椒調味。

〔製作配菜〕

（17）趁著牛肉靜置的空檔製作配菜。鍋中放入奶油加熱，放入用鹽水煮過的四季豆拌炒，再用鹽和胡椒調味。

〔盛盤〕

將菲力牛排盛盤，搭配新產馬鈴薯炒蕈菇和四季豆，最後再淋上醬汁。

牛排的熟度

從斷面可以明顯看出，無論是哪一種熟度，牛肉的四周的受熱程度都非常均勻。從左邊開始分別是 1 分熟、3 分熟、5 分熟、全熟。熟度以 5 分熟為基準，如果是 3 分熟則要早一點起鍋，全熟則要晚一點起鍋。

香煎雛雞佐獵人醬汁

Poulet sauté chasseur

去掉脂肪、煎得香酥的雞皮
與蓬鬆多汁的雞肉，
搭配蘑菇和番茄風味的
傳統獵人醬汁一起享用。

材料（4 人分）

雞雞（去除內臟 1.2kg）⋯⋯⋯⋯⋯⋯ 1 隻
獵人醬汁

蘑菇（切薄片）⋯⋯⋯⋯⋯⋯	200g
紅蔥頭（切碎）⋯⋯⋯⋯⋯⋯	30g
奶油⋯⋯⋯⋯⋯⋯⋯⋯⋯⋯	20g
干邑白蘭地⋯⋯⋯⋯⋯⋯⋯	50mℓ
白酒⋯⋯⋯⋯⋯⋯⋯⋯⋯⋯	150mℓ
燉番茄泥 ＊⋯⋯⋯⋯⋯⋯⋯	150g
小牛高湯⋯⋯⋯⋯⋯⋯⋯⋯	300mℓ
奶油（提味用）⋯⋯⋯⋯⋯	10g
綜合香草⋯⋯⋯⋯⋯⋯⋯⋯	3g

馬鈴薯泥

馬鈴薯⋯⋯⋯⋯⋯⋯⋯⋯⋯	250g
奶油⋯⋯⋯⋯⋯⋯⋯⋯⋯⋯	40g
牛奶⋯⋯⋯⋯⋯⋯⋯⋯⋯⋯	70mℓ
液態鮮奶油⋯⋯⋯⋯⋯⋯⋯	30mℓ
肉豆蔻⋯⋯⋯⋯⋯⋯⋯⋯⋯	少許

◎ 鹽、胡椒、沙拉油、奶油

＊參照 158 頁。

烹調要點

1	使用材質厚的鍋具
2	從雞皮開始煎，等到雞皮煎得酥脆後翻面
3	慢慢煎，讓中心部熟透
4	倒掉煎雞肉的油脂，利用鍋底的精華製作醬汁
5	將煎好的雞肉放入醬汁中加熱
6	為了避免香草的香氣流失，最後才加入香草

皮如果不酥脆就不好吃了，因此多花一點時間慢煎，讓脂肪流出，使皮變得更脆。由於使用的是帶骨雞肉，因此雞肉不容易收縮。

調整火力避免燒焦，將中心部煎熟。用金屬串籤刺雞肉的關節部位，如果流出透明的汁液，就代表中心部位已經熟透，可以起鍋了。習慣之後可以改用手指按壓，用彈力判斷是否已經煎熟。

11

作法

〔煎雞肉〕

（1）將雞肉切成四塊（參照 161 頁），撒上鹽和胡椒。雞肉帶骨煎就不容易收縮。

（2）沙拉油、奶油放入材質厚的淺鍋加熱。等到油的氣泡變小、奶油略為上色後放入雞肉，雞皮朝下。雞肉與雞肉間的間隔如果過大則奶油容易燒焦，最好保持如照片所示的間隔。

（3）等到雞皮變得酥脆後翻面，調整火力，慢慢地煎至雞肉的中心部位熟透（如果不容易熟透，也可以放入烤箱）。為了食用方便，取出雞胸的小骨頭後分別將雞胸肉和雞腿肉對半切。

〔製作獵人醬汁〕

（4）倒掉煎過雞肉的油脂。由於精華附著在鍋底，利用這些精華製作醬汁。

（5）加入奶油 20g，再加入蘑菇拌炒。加入紅蔥頭繼續拌炒至柔軟（suer）。

（6）加入干邑白蘭地，將酒精成分蒸發。

（7）再加入白酒，溶解附著在鍋底的精華（déglacer）。

（8）轉小火慢慢熬煮至剩下 ½ 量。

（9）加入燉番茄泥。

（10）稍加熬煮入味。

〔製作馬鈴薯泥〕

（11）將馬鈴薯削皮後切成適當的大小，用鹽水煮熟。等到馬鈴薯變軟之後將鹽水倒掉。開火，一邊搖晃鍋子，一邊將多餘的水分蒸發。趁熱利用篩網將馬鈴薯磨成泥。加入奶油、熱牛奶、液態鮮奶油攪拌均勻，再用鹽、胡椒、肉豆蔻調味（如果不是用篩網而是用果汁機打成泥，則馬鈴薯會產生黏性且變得濃稠。這裡由於不希望馬鈴薯產生黏性，因此最好用篩網磨成泥）。

〔收尾〕

（12）將 3 切好的雞肉加入 10 的醬汁中，加熱後盛盤。

（13）醬汁用鹽和胡椒調味，加入奶油 10g 用來增添風味並調整濃度（monter）。

（14）最後加入綜合香草。

（15）關於醬汁的濃度，取湯匙背面沾一點醬汁，用手指劃過後如果留下如照片所示的軌跡，便是適當的濃度。

〔盛盤〕

1 人分的量為雞胸肉 ½ 塊和雞腿肉 ½ 塊，盛盤後淋上醬汁，旁邊佐上馬鈴薯泥。

替煮熟的雞肉去骨並修整形狀

（1）從雞胸和肋骨間下刀。用刀子將肋骨壓在砧板上，將肋骨拉離雞胸。

（2）留下雞翅當中較粗的骨頭，剔除剩下 3 根較細的骨頭。

（3）從關節處將雞翅切除。

（4）切除雞翅前端的骨頭。

（5）將雞胸切成 2 塊，靠近骨頭的部分切成比較小塊。

（6）從關節處下刀將雞腿肉切成 2 塊。

（7）將靠近雞腿末端的骨頭切除。

（8）用刀在雞腿前端劃一圈，剔除下面的雞肉，露出一小截骨頭，修整形狀。

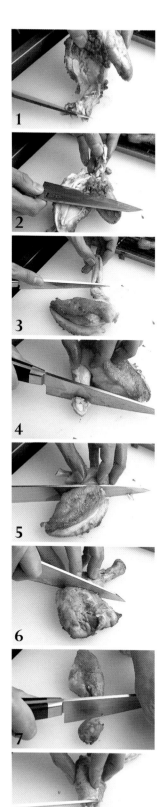

嫩煎肥肝佐黑松露醬汁

Escalope de foie gras sauce Périgueux

肥肝幾乎全都是脂肪成分。
一鼓作氣嫩煎肥肝，鎖住濃郁的鮮
再搭配上香氣十足的黑松露醬汁，
可說是絕配。

材料（4 人分）
鴨的肥肝……………………………240g
黑松露醬汁
┌ 黑松露（切末）………………30g
│ 馬德拉酒……………………150ml
│ 松露汁…………………………50ml
│ 濃縮小牛高湯 ＊1…………400ml
└ 用水調勻的玉米粉……………適量
塊根芹泥
┌ 塊根芹…………………………100g
│ 馬鈴薯…………………………50g
│ 牛奶……………………………適量
│ 奶油……………………………20g
└ 鮮奶油…………………………30ml
沙拉
┌ 綜合生菜葉、野苦苣、
│ 紅萵苣、菊苣、
│ 蝦夷蔥（切成 2cm 小段）……各適量
└ 油醋醬（sauce vinaigreet）＊2適量
松子、紅胡椒……………………各適量
◎奶油、鹽、胡椒
＊1 800ml 的小牛高湯熬煮至 400ml。
＊2 參照 156 頁。

烹調要點

1	拌炒松露直到散發出香味為止
2	不需要將肥肝回溫，直接煎即可
3	切肥肝時要用經過加熱的刀子
4	切肥肝時必須要有一定的厚度
5	鍋子並須經過充分加熱， 肥肝放入後用大火煎表面

▶▶

雖然火力過強容易燒焦，但如果火太弱，則脂肪會不斷地流失。因此，一開始用大火將表面封住，之後再將火轉小。當脂肪浮上表面後用手指按壓，如果感覺中心部位不會硬硬的，就可以起鍋了。

作法

〔製作黑松露醬汁〕

（1）鍋子放入適量的奶油加熱，等到氣泡變小後放入黑松露，拌炒至散出香味為止。

（2）加入馬德拉酒，轉小火，熬煮至剩下¼量。

（3）加入黑松露汁和小牛高湯繼續熬煮入味。用鹽和胡椒調味。如果濃度不夠，可以加入用水調勻的玉米粉調整濃度。

（4）加入奶油增添風味並調整濃度（monter）。

〔煎肥肝〕

（5）用經過加熱的刀子將肥肝切成1.5cm厚。刀子加熱後可以讓油脂融化，切起來比較順暢。

（6）兩面撒上鹽和胡椒。

（7）平底鍋充分加熱後放入肥肝。不使用其他油脂，用肥肝本身的油脂來煎。一開始用大火，讓表面上色。等到表面呈現漂亮的色澤後翻面。

（8）轉小火，讓另一面上色。用手指按壓中心部位，如果已經變得柔軟，代表中心部位也已經熟了。

〔製作塊根芹泥〕

塊根芹泥削皮後切成適當的大小放入鍋中，加入等量的牛奶和水，將塊根芹煮熟。等到塊根芹變軟之後將水分倒掉，放入果汁機中打成泥（視情況加入適量煮塊根芹的水）。用鹽水煮馬鈴薯，再用篩網磨成泥。將塊根芹泥和馬鈴薯泥放入鍋中攪拌均勻後加熱。加入奶油和鮮奶油，最後再用鹽和胡椒調味。

〔盛盤〕

生菜類加入油醋拌勻。將塊根芹泥鋪在盤子上，放上肥肝，淋上醬汁。旁邊搭配沙拉，再撒上松子和紅胡椒。

新產馬鈴薯炒蕈菇

Pommes sautées aux champignons

這是一道用奶油炒新產馬鈴薯和四種蕈菇的料理。
慢慢煎熟的馬鈴薯和用大火將鮮味封住的蕈菇，
兩種不同的「sauter」作法，
各自帶出食材綿密與爽口的美味。

材料（4 人分）
新產馬鈴薯（小顆的「五月皇后」品種）300g（8 顆）
杏鮑菇 *⋯⋯⋯⋯⋯⋯⋯⋯⋯⋯⋯⋯⋯⋯60g
舞菇 *⋯⋯⋯⋯⋯⋯⋯⋯⋯⋯⋯⋯⋯⋯⋯60g
鴻禧菇 *⋯⋯⋯⋯⋯⋯⋯⋯⋯⋯⋯⋯⋯⋯60g
白靈菇 *⋯⋯⋯⋯⋯⋯⋯⋯⋯⋯⋯⋯⋯⋯60g
奶油⋯⋯⋯⋯⋯⋯⋯⋯⋯⋯⋯⋯⋯⋯⋯⋯20g
大蒜（切末）⋯⋯⋯⋯⋯⋯⋯⋯⋯⋯⋯⋯1 瓣
巴西里（切末）⋯⋯⋯⋯⋯⋯⋯⋯⋯⋯⋯適量
◎沙拉油、鹽、胡椒
＊可選用喜歡的蕈菇。

烹調要點

1	不要讓馬鈴薯交疊， 用多一點的油拌炒
2	等到奶油略為上色後放入蕈菇
3	炒蕈菇時搖晃鍋具，用大火一口氣拌炒
4	在拌炒受熱程度不同的食材時要分開炒， 之後再混合在一起。

趁著油還沒有過熱的時候放入馬鈴薯，炒熟的同時也讓馬鈴薯的表面上色。使用較多的油有如油炸一般拌炒，可以讓馬鈴薯均勻上色。不時輕輕搖晃平底鍋並調整火力，避免燒焦。

作法

〔炒馬鈴薯〕

（1）清洗馬鈴薯表面的髒汙，帶皮縱切成4塊（梳形）。切面用水稍加沖洗。這是讓煎出的馬鈴薯可以呈現美麗褐色的重要步驟。

（2）在材質厚的平底鍋內放入較多的沙拉油，再將馬鈴薯的水分擦乾後放入。馬鈴薯彼此相互不交疊且沒有過多的間隔是最適當的分量。

（3）用木鏟上下左右翻炒，不時搖晃平底鍋，小心注意每一塊馬鈴薯，避免燒焦或沾鍋。等到馬鈴薯皮出現皺褶且整體呈現褐色後用竹籤刺馬鈴薯。如果竹籤可以刺穿馬鈴薯，那麼就可以關火了。將馬鈴薯放在金屬濾網上將油瀝乾。

〔炒蕈菇〕

（4）將蕈菇切成同樣的大小。由於蕈菇炒過之後會縮水，因此必須考慮到這一點，切得稍微大塊一點。照片中從右上開始順時鐘方向，分別是杏鮑菇、鴻禧菇、白靈菇、舞菇。

（5）平底鍋內放入奶油加熱，氣泡會逐漸變小，散發出奶油香且開始上色。不要錯過這個時機，將蕈菇放入鍋中。

（6）搖晃平底鍋，不時甩動蕈菇，用大火快速拌炒。注意鍋子大小與蕈菇量間比例的平衡。

〔混合蕈菇和馬鈴薯〕

（7）等到蕈菇散發出香氣後，加入3瀝乾的馬鈴薯，快速拌炒均勻。

（8）利用平底鍋的空位炒大蒜，再與蕈菇和馬鈴薯拌勻。撒上巴西里，用鹽和胡椒調味。

南法風味香煎鱸魚
Filet de bar poêlé du Midi

用平底鍋煎出來的鱸魚
可以同時享受魚皮香脆、
魚肉蓬鬆雙重口感。
配上夏天的蔬菜和黑橄欖等，
增添南法的香氣。

材料（4 人分）
鱸魚
（80g 帶皮魚塊）⋯⋯⋯⋯⋯⋯⋯4 塊
百里香⋯⋯⋯⋯⋯⋯⋯⋯⋯⋯2〜3 枝
橄欖油（醃漬用）⋯⋯⋯⋯⋯⋯15㎖
橄欖醬
- 黑橄欖（去籽）⋯⋯⋯⋯⋯⋯100g
- 酸豆⋯⋯⋯⋯⋯⋯⋯⋯⋯⋯⋯10g
- 鯷魚泥⋯⋯⋯⋯⋯⋯⋯⋯⋯⋯5g
- 大蒜（磨成泥）⋯⋯⋯⋯⋯⋯少許
- 初榨橄欖油⋯⋯⋯⋯⋯⋯⋯⋯30㎖
配菜
- 櫛瓜（切成 3mm 厚圓片）⋯⋯70g
- 茄子（切成 3mm 厚圓片）⋯⋯100g
- 番茄（小顆。
  切成 3mm 厚圓片）⋯⋯⋯⋯120g
- 大蒜⋯⋯⋯⋯⋯⋯⋯⋯⋯⋯1 瓣
- 百里香⋯⋯⋯⋯⋯⋯⋯⋯⋯⋯2 枝
- 橄欖油⋯⋯⋯⋯⋯⋯⋯⋯⋯100㎖
- 韭蔥（白色部分切絲）⋯⋯⋯60g
羅勒（切碎）⋯⋯⋯⋯⋯⋯⋯⋯適量
◎橄欖油、鹽、胡椒、油炸用油、
　初榨橄欖油

烹調要點

1	鱸魚煎之前要先醃過
2	用來醃漬鱸魚的油擦乾後 再撒上鹽和胡椒
3	從魚皮開始煎，煎至八〜九分熟
4	利用餘溫快速將魚肉煎熟

▶▶

等到魚皮香脆上色且魚肉變白
後翻面。全部只需要翻面這一
次。魚肉部分只需要用平底鍋
的餘溫快速煎熟即可。不讓魚
肉變乾澀的秘訣就在於花時間
慢煎魚皮面，魚肉只需快速煎
熟即可。

作法

〔醃鱸魚〕

（1）為了讓魚更容易熟，先用刀在鱸魚皮上劃上幾道淺痕。將魚放在盤子上，撒上撕斷的百里香，淋上橄欖油，放入冰箱醃漬 20～30 分鐘。

〔製作配菜〕

（2）用少許的油分別煎櫛瓜和茄子，煎至表面上色即可。撒上鹽和胡椒。

（3）用大蒜的切面塗在圓形的烤盤紙上（直徑約 11cm）。

（4）將櫛瓜、番茄、茄子放在烤盤紙上，交疊排成圓形。撒上百里香，淋上橄欖油，用 200℃的烤箱約烤 5 分鐘。

（5）將事前用水煮過的韭蔥瀝乾水分後放入 150℃的油鍋中，炸至水分蒸發、看不見氣泡為止（由於容易燒焦，因此要特別注意火力）。將油瀝乾後撒鹽。

〔製作橄欖醬〕

（6）將黑橄欖、酸豆、鯷魚泥、大蒜、初榨橄欖油放入果汁機中攪打至滑順，用鹽和胡椒調味。

〔煎鱸魚〕

（7）取出醃漬的鱸魚，取出百里香，將油輕輕擦掉，撒上鹽和胡椒。

（8）平底鍋加入適量的橄欖油，將鱸魚皮朝下放入鍋中。如果鱸魚翹起來，則用抹刀輕輕壓平。在這樣的狀態下煎至八～九分熟。

（9）當四周圍的魚肉開始變白，確認魚皮是否已經上色後翻面。

（10）關火。用平底鍋的餘溫快速地將魚肉煎熟。

〔盛盤〕

將 4 放入盤中，上面放上鱸魚和炸韭蔥，魚皮朝上。周圍淋上橄欖醬，整體淋上少許的初榨橄欖油，最後撒上羅勒葉。

粉煎扇貝
佐燉青豆

Noix de Saint-Jacques à la meunière, petits pois française

用大量的奶油煎出扇貝的香氣，
再搭配帶有春天鮮豔色彩、
口感溫和的燉青豆。

材料（4 人分）

扇貝的貝柱	12 個
（比較大粒的話 8 個）	
麵粉	適量
燉青豆	
┌ 青豆（冷凍）	260g
│ 培根（切成薄片）	40g
│ 洋蔥（切成薄片）	30g
│ 萵苣（切成稍微粗一點的細絲）	60g
│ 小牛高湯	200㎖
│ 香草束	1 束
└ 奶油	30g
培根（切成薄片。裝飾用）	4 片
檸檬	1 顆
◎鹽、胡椒、奶油、沙拉油	

烹調要點

1	先製作配菜，等要吃之前再煎扇貝
2	使用材質厚的平底鍋
3	注意鍋具的大小與食材量間的平衡
4	將扇貝的水分充分擦乾
5	沾上麵粉後再將多餘的麵粉充分拍掉
6	沾了麵粉之後立刻下鍋煎
7	煎的時候要不斷地淋油

▶▶

扇貝翻面後用湯匙舀起周圍的
油脂淋在扇貝上加熱，這個動
作法文稱作「arroser」，主要是
為了避免食材表面乾燥，並增
添奶油的風味。烹調較厚且不
容易熟的食材時，可以有效運
用這個方式。

作法

〔製作燉青豆〕

（1）鍋中放入奶油 10g 加熱，等到開始冒出細小的氣泡後放入切成 7 ～ 8mm 寬的培根拌炒。

（2）加入洋蔥炒軟，不要讓洋蔥上色（suer）。放入青豆繼續拌炒。

（3）加入小牛高湯。放入香草束，蓋上紙鍋蓋後熬煮一段時間。

（4）等到湯汁剩下一半且青豆變軟之後，取出香草束。最後加入冷奶油 20g，增添風味和濃度（monter）。完成後的湯汁變稠、可以附著在青豆上，這便是最適當的濃稠度。

〔煎扇貝〕

（5）將扇貝的水分擦拭乾淨，撒上鹽和胡椒。沾上麵粉，將多餘的麵粉確實拍掉。如此一來，麵粉就可以均勻地裹在扇貝上。

（6）平底鍋內放入到達扇貝 1/3 ～一半高度的奶油和沙拉油加熱。等到一開始的大氣泡逐漸變小且油開始上色後放入扇貝。

（7）注意觀察油脂的量和有如慕斯般的泡沫，到最後為止都要保持這樣的狀態。

（8）調整火力，保持油脂的狀態，不時搖晃平底鍋避免燒焦。等到扇貝背面酥脆、表面濕潤後靜靜地翻面。

（9）舀起扇貝周圍的油，一邊淋在扇貝上一邊煎（arroser）。等到整體呈現漂亮的色澤後，用手指按壓，如果感覺到彈力就可以起鍋了。

（10）將扇貝放在網架上瀝乾油脂，迅速盛盤。

〔盛盤〕

盤子鋪上經過加熱的燉青豆，再將扇貝放在青豆上。裝飾上煎得脆脆的培根，再佐一塊切成梳狀的檸檬。

格勒諾布爾風味
粉煎牛舌魚

Sole grenobloise

這是一道用奶油嫩煎的牛舌魚料理。
撒上酸豆和香草,再淋上帶有檸檬酸味、
香氣四溢的焦香奶油一起享用。

材料(4人分)

牛舌魚(200g)	4 條
麵粉	適量
奶油	40g
沙拉油	60㎖

格勒諾布爾風味配菜

檸檬	
(將果肉切成小丁)	1 顆
酸豆	40g
麵包丁(參照 172 頁)	
	吐司一片的份量

焦香奶油(beurre noisette)

奶油	120g
檸檬汁	適量
巴西里(切末)	8g
馬鈴薯 ＊(中)	2 顆

◎鹽、胡椒

＊ 馬鈴薯縱切成 4 等分後,一邊轉動馬鈴薯
一邊削成橄欖狀(château,參照 170 頁)
用鹽水煮熟。

烹調要點

1	先準備配菜
2	使用奶油和沙拉油的混合油
3	等到奶油略微上色後, 從盛盤時朝上的那一面開始煎
4	等到煎至半熟且上色後翻面
5	反覆淋上油脂,除了增添風味外, 也可以讓魚熟透
6	淋上焦香奶油後立刻上菜

▶▶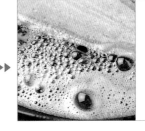

等到氣泡變小、奶油略為上色
後,將平舌魚的正面朝下放入
鍋中。不時搖晃平底鍋避免燒
焦。維持周圍泡沫如慕斯般的
狀態,讓平舌魚吸取奶油的風
味。

〔製作麵包丁〕

（1）參照 172 頁，製作麵包丁。

〔準備平舌魚〕

（2）去除平舌魚周圍的魚鰭並刮去正反面魚皮上的魚鱗。切除魚頭和內臟（參照 160 頁）。用水清洗乾淨後充分擦乾，撒上鹽和胡椒。

（3）沾滿麵粉，再將多餘的麵粉確實拍掉。

〔煎平舌魚〕

（4）平底鍋內放入奶油和沙拉油加熱，等到氣泡變小且呈現如照片所示的顏色後放入平舌魚。正面（盛盤時朝上的那一面）朝下，將火稍微轉小，在保持油脂氣泡如慕斯般的狀態下煎平舌魚。

（5）等到煎至半熟，顏色呈現如照片所示的金黃色，就可以翻面。

（6）不時舀起周圍的油淋在魚上（arroser）。如果舀取底部的油則有可能混入不乾淨的油渣，這樣容易燒焦，因此只要舀泡沫的部分即可。

（7）用手指按壓，如果有彈性且感覺魚肉脫離骨頭，就代表已經煎熟了。取出放在網架上將油瀝乾。

〔準備盛盤〕

將平舌魚放在盤子上。撒上巴西里、檸檬果肉、麵包丁以及酸豆，旁邊佐上用鹽水煮熟的馬鈴薯。

〔製作焦香奶油、收尾〕

（8）焦香奶油（beurre noisette）的「noisette」指的是榛果，用來代表奶油呈現褐色的狀態。平底鍋中放入奶油加熱，撒上鹽和胡椒。

（9）等到氣泡變小且顏色呈現褐色後加入檸檬汁。

（10）趁著奶油的香氣和泡沫尚未消失前舀起淋在平舌魚上。

油煎豬腿排

Escalope de porc panée aux pousses de salade

裹上麵包粉以類似油炸的方式油煎
奶油風味的麵衣酥脆，豬肉柔軟多汁
用來搭配這道熱騰騰
油煎豬腿排的檸檬風味，
同時也扮演著醬汁的角色。

材料（4 人分）

豬腿肉	480g
麵粉	適量
蛋液	
⎡ 蛋	2 顆
⎢ 沙拉油	30㎖
⎣ 水	30㎖
新鮮麵包粉	適量
沙拉 ＊1	
⎡ 綜合生菜葉	60g
⎢ 番茄（中）＊2	3 顆
⎢ 檸檬汁	1 顆的量
⎣ 初榨橄欖油	適量

◎鹽、胡椒、奶油、沙拉油

＊1 預先混合檸檬汁、初榨橄欖油、鹽、
胡椒，製成油醋（參照 156 頁）。

＊2 番茄汆燙後去皮（參照 171 頁），去
籽後切成大丁。撒上鹽之後冷藏備
用。

烹調要點

1	拍打豬腿排斷筋，延展成同樣的厚度
2	沾滿麵衣後再將多餘的麵衣確實拍掉
3	使用材質厚的鍋子或平底鍋
4	根據肉的大小選擇適當的鍋子或平底鍋
5	等到油脂的氣泡變小，略為上色後放入豬肉
6	等到周圍的麵包粉開始上色，確認底部也已經上色後翻面
7	趁熱上菜

▶▶

油量大約是到達豬肉一半高
度。注意鍋具的大小與豬肉所
占的面積比例。如果鍋具過大，
則油溫容易過高而燒焦。油的
氣泡在煎的全程要維持如照片
所示的細小泡沫。

作法

〔豬腿肉沾上麵衣〕

（1）去除豬腿肉的筋、薄皮和脂肪，斜切成 1cm 的薄片（1 片約 120g）。

（2）每一片豬腿肉上放保鮮膜，用肉槌將厚度拍打至約 5mm。配合上菜盤子的大小，修整成橢圓形。

（3）撒上鹽和胡椒後整體沾上麵粉，再將多餘的麵粉確實拍掉。

（4）混合蛋、沙拉油、水以及少許的鹽和胡椒製成蛋液，將肉泡浸蛋液中。去除多餘的蛋液，沾上麵包粉。

（5）拍掉多餘的麵包粉，用刀背劃出格子狀的花樣作為裝飾。

〔煎豬排〕

（6）選擇適合肉大小的厚質平底鍋，放入到達肉一半高度的奶油和沙拉油加熱。等到氣泡變小、稍微上色後靜靜地放入豬肉。隨時調整火力，保持油脂氣泡如慕斯般的狀態。為了避免燒焦且為了讓豬肉均勻受熱，不時搖晃平底鍋。

（7）等到表面濕潤、周圍的麵包粉開始上色後翻面。反面也同樣煎至上色。將豬肉放在網架上將油瀝乾後盛盤。

〔盛盤〕

將洗淨瀝乾的綜合生菜葉和番茄混勻，淋上油醋攪拌均勻。將沙拉放在剛煎好的熱騰騰豬排上。

香草麵包粉油煎鱸魚佐鯷魚風味油醋醬

Filet de bar persillé aux germes de soja et trompettes de la mort

香脆的麵衣與蓬鬆溫潤的魚肉，
同時可以享受到兩種不同的口感。
鯷魚風味的油醋醬
有著畫龍點睛的效果。

材料（4 人分）

鱸魚（80g 去皮魚塊）……4 塊

麵衣
- 新鮮麵包粉……10g
- 巴西里（切末）……2g
- 大蒜（切末）……1g
- 紅胡椒（搗碎）……1 大匙
- 花山椒（搗碎）……1 撮

配菜
- 豆芽菜 ＊1……100g
- 檸檬汁……適量
- 黑喇叭菇 ＊2（乾燥菇泡水回軟）……40g
- 蔥（斜切成 1cm 小段）……1 根

醬汁
- 鯷魚泥……5g
- 雪莉醋……15mℓ
- 橄欖油……50mℓ

◎鹽、胡椒
無水奶油 ＊3、橄欖油

＊1 去除豆芽菜的芽和根，汆燙後用檸檬汁和鹽調味。
＊2 黑喇叭菇很容易卡砂，因此分成小朵後多換幾次水，徹底清洗乾淨。
＊3 參照 172 頁。

烹調要點

1 鱸魚塗上無水奶油，確實沾上麵衣
2 從有麵衣的那一面開始煎
3 在麵衣固定前不要移動魚肉，避免麵衣脫落
4 將麵衣煎得香酥，魚肉煎得蓬鬆
5 注意油醋中鯷魚的鹹度

鱸魚要從塗無水奶油沾上麵衣的那一面開始煎。煎的時候不要移動鱸魚，避免麵衣脫落。等到煎出漂亮的色澤之後翻面，將魚肉煎得蓬鬆不乾澀。

作法

〔準備鱸魚〕

（1）在鱸魚兩面撒上鹽和胡椒。

（2）製作麵衣。將新鮮麵包粉、巴西里、大蒜、紅胡椒、花山椒混合均勻。

（3）用刷子將無水奶油刷在原本有魚皮的那一面。

（4）將 3 刷了奶油的那一面沾取滿滿的 2 麵衣，拍掉多餘的麵衣。

〔煎鱸魚〕

（5）平底鍋內放入較多的無水奶油，將鱸魚沾有麵衣的那一面朝下慢煎。由於無水奶油沒有含有不純物質，因此不容易燒焦。

（6）煎的時候盡量不要移動鱸魚。從側面觀察，等到一半高度的鱸魚都已經熟了，且麵衣呈現金黃色後就可以翻面。

（7）沒有沾麵衣的那一面不需要花太多時間，稍微煎一下就可以了。從側面觀察，確定鱸魚的中心部分也已經熟了，就可以起鍋。

〔製作配菜〕

（8）黑喇叭菇撕成適當的大小，放入橄欖油加熱的平底鍋中以大火拌炒，加入豆芽菜。再用適量的橄欖油炒蔥，讓蔥的切面上色。各自用鹽和胡椒調味，但由於油醋醬使用的鰻魚泥已經有鹹味，因此要特別注意鹽的用量。

〔製作油醋醬〕

（9）鰻魚泥中加入雪莉醋，用打蛋器充分攪拌均勻。

（10）慢慢加入橄欖油拌勻，確認味道後再用鹽和胡椒調味。

〔盛盤〕

盤子的中央放上 8 的黑喇叭菇、豆芽菜以及蔥，上面放上 7 的鱸魚，最後周圍再淋上 10 的醬汁。

section 2 | 【roast】 rôtir

rôtir 就是英文的「roast」，原本指的是「將串在棍子上的牛、豬、羊等肉塊或整隻禽鳥放在火上，一邊翻轉，一邊烤」。

到了今日，這種烹調法幾乎都用烤箱替代，現代的「烤」一般指的都是「在烤箱內用高溫的熱氣加熱肉塊」。總而言之，「rôtir」就是長時間慢烤有一定大小的肉塊，將肉本身的鮮味鎖住的烹調法。

由於烤的方式烹調的食材都比較大塊，因此，如何讓中心部熟透，以及如何將食材烤得軟嫩多汁，便是烹調的重點。

一般的加熱步驟是首先將食材表面烤熟封住，之後再慢慢地讓中心部熟透。如此一來，食材表面既上色又香，且肉汁不容易流失，便可以做出軟嫩多汁的料理。

另外，在用烤箱烤的時候，為了不讓食材的表面乾燥，中途用湯匙舀起滴在烤盤上的油淋在食材上的「arroser」步驟絕不可少。這個「arroser」的步驟可以藉由油的力量避免食材烤得不均，同時也可以讓滴在烤盤上的肉汁更鮮美，能夠製作出更濃縮的醬汁。

很多人對於「烤」這種烹調技法的印象就是只要將食材準備好，剩下的交給烤箱，不需要考慮太多細節。然而，例如根據食材所含的水分量和脂肪量不同，又或是根據部位的不同，食材的受熱方式也會不同，因此必須充分掌握烤箱的溫度、時間管理，以及烤好之後餘溫的效果等。

Point

1 〔放入烤箱前的準備〕
將肉放在室溫下回溫

　　剛從冰箱拿出來的肉，其中心部還很冰。如果直接加熱，則必須花很長的時間才能將有一定厚度肉塊的中心部烤熟，與此同時，表面很容易就會烤得過熟。這是造成烤焦或是失去水分讓肉變乾澀的原因之一。尤其是在將牛或小羊烤至 3 分熟或 5 分熟時，就算中心部位還看得到血色，但仍必須加熱至微溫，因此在燒烤前務必要將食材放在室溫下回溫。

Point

2 〔烤箱裡〕
乾燥是大敵，油脂立大功

　　烤箱料理的鐵則就是在將食材放入烤箱前要先預熱烤箱。如果在預熱完成前就將食材放入烤箱，則必須花一段時間才能將表面烤熟，這是造成食材水分流失、肉質乾澀的原因。

　　烤的時候，高溫的熱氣吹向食材，食材的表面會逐漸乾燥。為了預防乾燥，烤的中途要分幾次將食材取出，舀起烤盤上的油脂淋在食材上（arroser）。熱油覆蓋食材表面會讓熱能更容易傳導，上色也更均勻。由於烤盤上的油脂含有食材流出的鮮味，淋在食材上可以讓料理更美味。另外，上下翻面、改變位置，讓食材均勻受熱也非常重要。

Point

3 〔從烤箱取出後〕
靜置，利用餘溫加熱

　　剛烤好的肉如果馬上切開，則肉汁流失，美味也跟著流失。靜置片刻讓肉汁穩定，等待肉汁遍布食材整體。

　　烤牛肉和小羊時，剛從烤箱取出的狀態是表面烤熟，但中心部位還很紅，接近生肉。然而，藉由靜置，除了可以讓肉汁穩定外，熱能也會逐漸向中心部傳導，讓中心部位的肉變成粉紅色。靜置的時間大約與燒烤的時間等長，最好放在溫暖的地方。想要烤出多汁的肉品，靜置是不可或缺的重要步驟。

烤之前抹上沙拉油

烤之前必須在食材上抹油。由於油會急速到達高溫，因此有助於加熱，可以烤出均勻的色澤。最好使用在高溫下也不容易變質的沙拉油。小且容易熟的食材，有時也會事先將表面烤熟固定。

淋油

在烤的途中，必須舀起囤積在底部的油脂，均勻地淋在食材上。然而，不斷地打開烤箱淋油，會讓烤箱內的溫度下降，因此打開烤箱的次數不要太頻繁。打開烤箱時，根據肉的受熱狀況調整上下位置，讓食材可以均勻受熱。

烤全雞
Poulet rôti au jus

在特殊的節日裡可以烤一隻全雞當作主餐。
外皮香脆、雞肉多汁,只要改變烹調法,平凡無奇的雞肉也可以變得美味無比。
同時還可以享受雞腿肉和雞胸肉不同的口感。

烹調要點

1	用細繩將雞綁好或縫好,修整形狀
2	在雞腹的內部和表面灑上鹽和胡椒
3	雞脖子和雞腳也一起烤,增添風味
4	一邊淋油一邊烤
5	看準雞肉烤熟的時機,加入香味蔬菜
6	在溫暖的地方靜置片刻
7	利用留在烤盤上的精華製作醬汁

烤的時候要不時將雞肉取出,將烤盤上囤積的油脂淋在雞肉上。表面覆蓋油脂可以預防乾燥,促進加熱。

烤雞的烤盤上留有充滿雞肉精華的肉汁。為了能夠利用這些精華製作醬汁,首先開火讓這些精華附著在烤盤上。這時如果燒焦則醬汁會有焦臭味,需要特別注意。

材料（4 人分）

雞雞（除去內臟 1.4kg）⋯⋯⋯⋯⋯1 隻

醬汁（jus de rôti）

- 洋蔥（切成 1cm 小丁）⋯⋯⋯⋯⋯30g
- 紅蘿蔔（切成 1cm 小丁）⋯⋯⋯⋯30g
- 芹菜（切成 1cm 小丁）⋯⋯⋯⋯⋯30g
- 大蒜（帶皮，輕輕拍碎）⋯⋯⋯⋯1 瓣
- 白酒⋯⋯⋯⋯⋯⋯⋯⋯⋯⋯⋯100mℓ
- 雞高湯⋯⋯⋯⋯⋯⋯⋯⋯⋯⋯250mℓ
- 香草束⋯⋯⋯⋯⋯⋯⋯⋯⋯⋯⋯1 束
- 奶油（提味用）⋯⋯⋯⋯⋯⋯⋯⋯10g

普羅旺斯風味番茄

- 帶蒂頭番茄⋯⋯⋯⋯⋯⋯⋯⋯⋯4 顆
- 大蒜（切末）⋯⋯⋯⋯⋯⋯⋯⋯1 瓣
- 巴西里（切末）⋯⋯⋯⋯⋯⋯⋯10g
- 麵包粉⋯⋯⋯⋯⋯⋯⋯⋯⋯⋯⋯50g
- 橄欖油⋯⋯⋯⋯⋯⋯⋯⋯⋯⋯⋯適量

炒碗豆和培根

- 豌豆⋯⋯⋯⋯⋯⋯⋯⋯⋯⋯⋯⋯60g
- 培根（薄片切成 4～5mm 寬）40g
- 奶油⋯⋯⋯⋯⋯⋯⋯⋯⋯⋯⋯⋯10g

西洋菜⋯⋯⋯⋯⋯⋯⋯⋯⋯⋯⋯½ 把

◎鹽、胡椒、沙拉油、奶油

作法

〔烤雞〕

（1）切除雛雞的脖子、雞翅尖端和雞爪，去除鎖骨（參照 161 頁）。雞腹內撒上鹽和胡椒。

（2）用細繩綁或縫，修整形狀（參照 162～163 頁），表面撒上鹽和胡椒。

（3）整體抹上適量的沙拉油。

（4）配合雛雞的大小使用淺鍋當作烤盤。為了避免沾鍋，淺鍋加入適量的油，稍微加熱後將雛雞放入鍋中。奶油撕成小塊後分散放入。為了增添肉汁的風味，可以將雞脖子和雞爪放在肌肉的四周一起烤。

（5）放入 200℃ 的旋風烤箱內，如果表面變得乾燥，則不時取出淋上囤積在鍋底的油脂（arroser），烤40～45 分鐘。

（6）出爐前 10 分鐘放入洋蔥、紅蘿蔔、芹菜、大蒜。

（7）判斷雞肉是否已經熟的時候可以用金屬串籤刺不易熟的部位，如果流出透明的汁液，就代表已經熟了。

（8）取出放在網架上，在溫暖的地方靜置片刻。

〔製作醬汁〕

（9）將烤雞的淺鍋放在爐子上加熱，讓精華附著在鍋子上，小心不要燒焦。

（10）倒掉多餘的油脂。

（11）加入白酒後開火，用木鏟幫助附著在鍋底的精華溶解（déglacer）。煮沸讓酒精揮發。

（12）加入雞高湯。

（13）移到比較深的鍋子後開火加熱。

（14）沸騰後轉小火，撈取浮渣，加入香草束後繼續熬煮。

（15）一邊撈取浮渣，一邊將醬汁熬煮至剩下 2/3。

（16）用極細圓錐形濾網過濾，再度開火煮沸。加入奶油增添風味並調整濃度（monter），最後再用鹽和胡椒調味。

〔製作配菜〕

（17）將番茄上部連同蒂頭一起水平切下，撒上鹽和胡椒。在番茄的切面放上拌勻的大蒜、巴西里、麵包粉、橄欖油。

（18）放入 200℃的烤箱，烤至表面上色為止。

（19）豌豆去除粗纖維後用鹽水煮熟。用奶油炒培根，等到香味出來之後放入豌豆，稍微拌炒加熱即可。

〔盛盤〕

（20）將切下來的雞肉盛盤，佐上 18 的番茄和 19 的配菜，最後再淋上 16 的醬汁。

烤雞的烤箱

　　烤雞用的是旋風烤箱。如果是沒有旋風功能的烤箱，則必須注意雞腿肉和雞胸肉的受熱狀況，不時改變位置和方向。一開始將雞橫倒放入烤箱，兩側面各烤 15 分鐘，之後再將雞胸肉朝上烤 10 ～ 15 分鐘。烤的時候也和使用旋風烤箱時一樣，不時地取出淋油。

烤好之後
再切割雞肉

將烤好的全雞切割地既美麗又不浪費。為了可以享受不一樣的口感，盛盤的時候可以取雞腿肉和雞胸肉各半。

1. 雞胸朝上，雞腿朝已側放置，用叉子壓住雞腿，從雞腿根部的皮下刀。
2. 拉開雞腿，對準關節將雞腿切下。
3. 轉一個方向，另一隻雞腿也同樣從根部的皮下刀。
4. 同樣拉開雞腿，對準關節將雞腿切下。
5. 沿著胸骨下刀。
6. 順著雞骨滑動刀子，將雞胸肉切下。
7. 轉一個方向，同樣地沿著胸骨下刀。
8. 與 6 相同，將另一邊的雞胸肉切下。

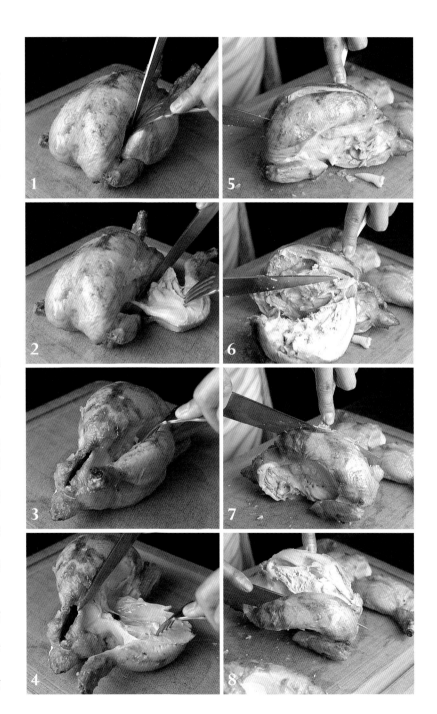

烤牛肉
Bœuf rôti aux pommes de terre

表面香氣逼人，中心部多汁，呈現漂亮的粉紅色。
用烤箱將牛肉烤至恰到好處，再遵循英國的傳統，
配上約克夏布丁和辣根醬一起享用。

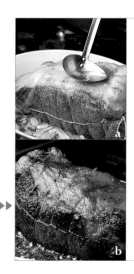

放入烤箱 10 分鐘後，當表面逐漸乾燥，這時便可以進行第一次的淋油（照片 a）。以下可作為烤 2kg 以上牛肉時的參考。20～30 分鐘後，當牛肉大部分已經烤熟且上色後再次淋油，大約 40 分鐘後取出的狀態如照片 b，可以看到表面已經呈現美味的色澤。這裡使用的是熱能對流的旋風烤箱，如果使用的是普通烤箱，則在淋油的時候根據上色的情形，上下翻面或是改變位置，讓牛肉可以均勻上色。

烹調要點

1	將牛肉放在室溫下回溫
2	在牛肉表面抹上沙拉油
3	烤的時候要不斷地淋油，使得上色更均勻
4	靜置與烹調等長的時間
5	不要浪費焗烤盤上的精華，用來製作醬汁

材料（4人分）

沙朗牛肉 ＊⋯⋯⋯⋯⋯⋯⋯⋯⋯1kg
奶油⋯⋯⋯⋯⋯⋯⋯⋯⋯⋯⋯20g
沙拉油⋯⋯⋯⋯⋯⋯⋯⋯⋯⋯50㎖
肉汁醬
 ┌ 洋蔥（切成 1.5 ～ 2cm 小丁）⋯50g
 │ 紅蘿蔔（切成 1.5 ～ 2cm 小丁）50g
 │ 芹菜（切成 1.5 ～ 2cm 小丁）⋯50g
 │ 大蒜（帶皮，輕輕拍碎）⋯⋯⋯1 瓣
 │ 白酒⋯⋯⋯⋯⋯⋯⋯⋯⋯⋯150㎖
 │ 小牛高湯⋯⋯⋯⋯⋯⋯⋯⋯400㎖
 └ 香草束⋯⋯⋯⋯⋯⋯⋯⋯⋯1 束
約克夏布丁
 ┌ 蛋⋯⋯⋯⋯⋯⋯⋯⋯⋯⋯⋯2 顆
 │ 麵粉⋯⋯⋯⋯⋯⋯⋯⋯⋯⋯1 杯
 │ 牛奶⋯⋯⋯⋯⋯⋯⋯⋯⋯200㎖
 │ 烤牛肉的油脂⋯⋯⋯⋯⋯⋯2 大匙
 └ 奶油（塗抹焗烤盤用）⋯⋯⋯10g
烤馬鈴薯
 ┌ 馬鈴薯⋯⋯⋯⋯小 4 顆（約 100g）
 └ 迷迭香⋯⋯⋯⋯⋯⋯⋯⋯⋯1 枝
辣根醬
 ┌ 辣根（磨成泥）⋯⋯⋯⋯⋯50g
 │ 黃芥末粉⋯⋯⋯⋯⋯⋯⋯1 大匙
 │ 砂糖⋯⋯⋯⋯⋯⋯⋯⋯⋯1 大匙
 │ 白酒醋⋯4 大匙
 └ 鮮奶油⋯⋯⋯⋯⋯⋯⋯⋯200㎖
西洋菜⋯⋯⋯⋯⋯⋯⋯⋯⋯⋯適量
◎鹽、胡椒、沙拉油
＊ 烤牛肉最好使用有適當厚度的肉
　 塊。照片使用的是 2kg 的肉。

作法

〔準備牛肉〕

（1）將牛肉放在室溫下回溫，用細
繩綁好後均勻撒上鹽和胡椒。

（2）為了讓牛肉能夠均勻上色，整
體抹上沙拉油。

（3）照片是放入烤箱前的狀態。焗
烤盤放入適量的沙拉油，鋪上肉汁
醬用的蔬菜，放入牛肉，上面再放
上奶油。

〔烤牛肉〕

（4）放入 220℃烤箱約烤 20 分鐘
（每公斤牛肉約烤 20 分鐘，2kg 牛
肉則約烤 40 分鐘）。等到表面逐漸
乾燥後，取出舀起烤盤上的油脂淋
在牛肉上（arroser）。

（5）將牛肉從烤箱中取出。烤出的
牛肉表面香脆。

（6）用金屬串籤刺牛肉的中心部
位，約 10 秒後取出放在對溫度敏感

的嘴唇上，如果感覺微溫（約40℃），就代表烤得恰到好處，如果感覺太冰就代表半熟，太燙則代表過熟。

（7）為了保溫並防止乾燥，用鋁箔紙將牛肉包起來，靜置約與烹調等長的時間（靜置後的中心溫度約60℃）。

〔製作肉汁醬〕

（8）取出牛肉後舀出 2 大匙囤積在焗烤盤上的油脂給約克夏布丁備用。將焗烤盤放在瓦斯爐上開火，讓溶在油脂中的精華附著在烤盤上，注意不要燒焦。

（9）倒掉多餘的油脂。

（10）加入白酒，用木鏟幫助附著在鍋底的精華溶解（déglacer）。煮沸讓酒精揮發。

（11）加入小牛高湯和香草束，移到鍋子裡開火熬煮至剩下一半的量。

（12）用極細圓錐形濾網（chinois）過濾熬好的醬汁，再用鹽和胡椒調味。

〔製作配菜〕

（13）趁著烤牛肉的空檔製作約克夏布丁。將蛋、麵粉、牛奶放入果汁機中攪打均勻，放入冰箱鬆弛 30分鐘。加入 8 的油脂混合均勻，焗烤盤上抹上奶油，將麵糊倒入焗烤盤中。放入 200℃烤箱，約烤 30 分鐘，直到麵糊充分膨脹並呈現金黃色澤。

（14）馬鈴薯對切，用水洗淨後再將水分擦乾。放入焗烤盤中淋上適量的沙拉油，再撒上鹽和胡椒。撒上迷迭香，放入 220℃的烤箱約烤20分鐘。

〔製作辣根醬〕

（15）用打蛋器將辣根、黃芥末粉、砂糖和白酒醋攪拌均勻。加入打發至六分起泡的鮮奶油（尖角不會消失）混合均勻，用鹽和胡椒調味。

〔盛盤〕

（16）將切片的烤牛肉和配菜盛盤，佐上西洋菜，另外再配上兩種醬汁。

烤龍蝦

Demi-homard rôti dans sa carapace

大火拌炒帶出蝦殼的香氣，
最後再用烤箱快速烤熟。
有彈性又多汁的烤龍蝦
搭配濃縮甲殼類精華的醬汁一起享用。

材料（4人分）

龍蝦＊1	2尾
配菜	
┌ 奶油飯	
│ ┌ 米	1杯
│ │ 洋蔥（切末）	20g
│ │ 奶油	30g
│ └ 雞高湯	300㎖
│ 菰米	40g
│ 紅蘿蔔（切成2～3mm小丁）	20g
│ 蘑菇（切成2～3mm小丁）	30g
│ 烤火腿（切成2～3mm小丁）	20g
└ 奶油	20g
醬汁	
┌ 蝦蟹醬	
│ （Sauce Américaine）＊2	200㎖
└ 鮮奶油	150㎖
龍蒿	適量

◎橄欖油、鹽、胡椒

＊1　事前處理方式參照39頁。
＊2　參照160頁。

烹調要點

1	用大火拌炒龍蝦殼帶出香氣	▶▶
2	等到蝦殼上色後再用烤箱快速烤熟	
3	醬汁在調味時要考慮到龍蝦本身的鹽分	▶▶
4	螯肉放入醬汁中快速加熱	

事先用大火拌炒蝦殼可以帶出香氣，同時也可以鎖住蝦肉的鮮味和水分。長時間用小火拌炒是讓龍蝦散發惱人臭味的原因之一。

由於龍蝦本身就有鹹味，因此盡量少用鹽和胡椒。另外，熬煮過久會帶出甲殼類特有的苦味，必須特別注意。

〔烤龍蝦〕

（1）鍋內放入適量的橄欖油加熱，將龍蝦肉朝下放入鍋中，用大火煎。等到蝦肉表面變白之後翻面，用大火拌炒蝦殼。用小火長時間拌炒會讓龍蝦產生臭味，必須特別注意。

（2）等到蝦殼變紅之後放入 200℃ 烤箱烤 2～3 分鐘。烤得時間過長會讓蝦肉變乾，因此必須高溫、短時間燒烤。

（3）熟了之後取出，剝掉蝦殼，取出龍蝦肉。

〔製作配菜〕

（4）製作奶油飯。用奶油拌炒洋蔥，不要讓洋蔥上色（suer）。

（5）等到洋蔥變軟後加入米，炒至半透明狀。

（6）鍋內加入雞高湯加熱，用鹽和胡椒調味後加到 5 中。煮沸後放入 180℃ 烤箱大約烤 20 分鐘，關火後燜 2～3 分鐘。

（7）用鹽水煮紅蘿蔔。平底鍋內放入奶油加熱，依序放入蘑菇、烤火腿、煮熟的紅蘿蔔拌炒。

（8）加入用鹽水煮過的菰米和 6 的奶油飯。

（9）整體拌炒均勻後再用鹽和胡椒調味。

〔製作醬汁〕

鍋內放入蝦蟹醬，熬煮至剩下 150㎖。加入鮮奶油後再用鹽和胡椒調味。

〔盛盤〕

盛盤前將螯肉放入醬汁中加熱（照片 10）。將配菜鋪在盤子上，再放上烤龍蝦。佐上回溫的螯肉，再放上龍蒿裝飾，四周淋上醬汁。

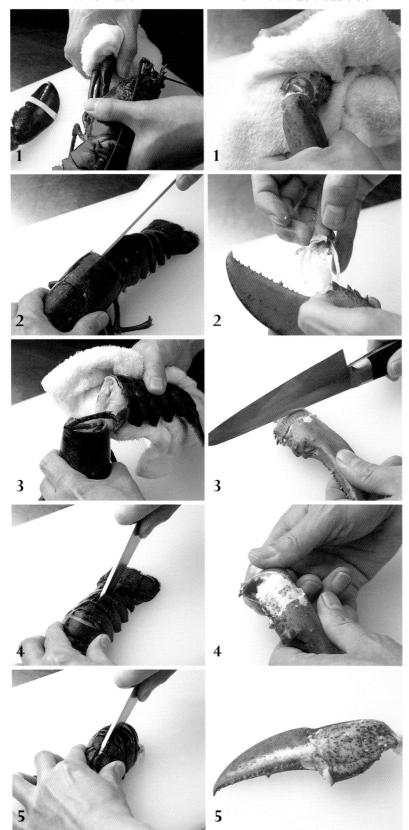

分解生龍蝦　　　取出水煮過後的龍蝦螯

1

1

2

2

3

3

4

4

5

5

龍蝦的
事前處理

根據製作的料理不同，龍蝦的處理
方式也不同，下面介紹的是上頁烤
龍蝦的處理方式。

〔分解生龍蝦〕
（1）將龍蝦螯用布包起來，折斷交
接處取下。
（2）從頭和身體交接處下刀，劃過
一圈。
（3）用雙手分別抓住龍蝦頭和身體
扭轉，將其一分為二。
（4）從背部下刀，往尾部方向切
去。
（5）用刀縱切頭部，將龍蝦一分為
二。

〔取出水煮過後的龍蝦螯〕
（1）用鹽水煮龍蝦螯，冷卻之後從
根部的關節部分折斷。
（2）龍蝦螯較小的鬚向外折，連同
當中的軟骨一起取下。
（3）用刀背敲打較大的龍蝦螯殼。
（4）將螯肉從蝦殼中取出，小心不
要破壞螯肉原本的形狀。
（5）照片是取出的螯肉。

雞肉捲

Roulade de poulet aux herbes de Provence

雞腿肉包覆充滿南法香氣的豐富餡料製成雞肉捲。
花時間讓食材慢慢熟透，使得食材更具整體感。

材料（4人分）	
雞腿肉（200g）	2 塊
迷迭香（撕碎）	4 枝

內餡
雞絞肉	200g
巴西里（切末）	2g
普羅旺斯綜合香草	1 撮
蝦（去除蝦殼和腸泥）	4 尾
杏鮑菇（對半縱切）	2 朵

醬汁
雞骨架（切小）	1 隻雞的份量
大蒜（去皮，輕輕拍碎）	1 瓣
洋蔥（切成 7mm 小丁）	40g
紅蘿蔔（切成 7mm 小丁）	40g
芹菜（切成 7mm 小丁）	25g
番茄泥	20g
白酒	100㎖
雞高湯	400㎖
香草束	1 束
奶油（提味用）	10g
蝦夷蔥（切小段）	6g

糖漬紅蘿蔔 *
紅蘿蔔	2 根
奶油	15g
砂糖	10g
孜然	1 撮

蝦夷蔥	少許

◎鹽、胡椒、奶油、沙拉油

* 　紅蘿蔔削皮後切成 7～8mm 厚的圓片，
　去除切口稜角後放入鍋中。加入蓋過紅蘿
　蔔的水、奶油、砂糖、孜然（照片 10），撒
　上鹽和胡椒，蓋上紙鍋蓋熬煮。等到汁液
　收乾、紅蘿蔔表面出現光澤後就可以起鍋。

烹調要點

1	將雞腿肉敲打延展成均一的厚度
2	揉拌內餡，直到產生黏性為止
3	交疊 2 張鋁箔紙，塗上油
4	將雞肉捲緊，不要讓空氣跑進去
5	用平底鍋將表面煎熟
6	用烤箱烤的時候要不時轉動雞肉捲
7	佐上濃縮了雞骨頭和蔬菜精華的醬汁

想要捲出漂亮的雞肉捲其實是
一件非常困難的事，但只要善
用鋁箔紙，捲出來的形狀比較
穩定，也比較好操作。為了不
讓肉黏在鋁箔紙上，因此事先
在鋁箔紙上塗上沙拉油，這同
時也有助於上色。

作法

〔準備材料〕

（1）切除雞腿肉多餘的脂肪和雞皮。用刀子在筋部多劃幾刀，預防回縮。肉較厚的部分疊在較薄的部分，用肉槌敲打延展成四角形，讓厚薄均一。

（2）製作內餡。雞絞肉加入巴西里、普羅旺斯綜合香草混合均勻，用鹽和胡椒調味後充分揉拌，直到產生黏性為止。用適量的奶油拌炒杏鮑菇備用。

〔製作雞肉捲〕

（3）交疊 2 張鋁箔紙，塗上適量的橄欖油，撒上鹽、胡椒以及迷迭香。放上 1 的雞腿肉，撒上鹽和胡椒，均勻塗抹上 2 的內餡，將蝦子和杏鮑菇排放在中央部位。

（4）連同鋁箔紙一起將雞肉捲好後再用繩子綁緊，預防變形。將兩端的鋁箔紙切除。

（5）平底鍋內放入適量的沙拉油，放入 4 後用大火將表面煎熟固定。等到油脂從鋁箔紙的接縫流出來後放入 200℃烤箱，不時轉動，大約烤 15 分鐘。

（6）從烤箱中取出。用金屬串籤刺中心部位，10 秒後取出，若金屬串籤是熱的就代表已經烤熟了。放在網架上，於溫暖處靜置片刻。

〔製作醬汁〕

（7）用沙拉油炒雞骨讓雞骨稍微上色。加入蔬菜繼續拌炒。倒掉多餘的油脂，注入白酒，溶解附著在鍋底的精華（déglacer）。

（8）加入番茄泥、雞高湯、香草束，一邊撈取浮渣，一邊將醬汁熬煮至剩下一半。

（9）用極細圓錐形濾網（chinois）過濾，再用鹽和胡椒調味。加入奶油增添風味並調整濃度（monter）。

〔盛盤〕

取下雞肉捲上的鋁箔紙，切成 1cm 厚的圓片。盛肉盤中，佐上糖漬紅蘿蔔和蝦夷蔥，最後再淋上加了蝦夷蔥的醬汁。

烤帶骨比目魚
佐小洋蔥和雞油菇

Rôti de barbue à l'arête aux petits oignons glacés et giroles

這是一道粗曠的帶骨比目魚料理。
用烤箱烹調可以讓魚肉更容易骨肉分離
並可以同時享受到帶骨魚肉的鮮味。
加入雪莉醋讓濃郁的醬汁更爽口。

材料（4 人分）
比目魚（含內臟 1kg）·················1 尾
百里香·····························適量
月桂葉·····························適量
醬汁
    紅蔥頭（切末）·················45g
    雪莉醋·····················75mℓ
    濃縮的小牛高湯 ＊1·········200mℓ
    奶油·······················75g
褐色的糖漬小洋蔥 ＊2·········12 顆
雞油菇·························100g
牛蒡·························250g
雞高湯·····························適量
義大利巴西里（切末）···············適量
◎鹽、胡椒、奶油、沙拉油
＊1　400mℓ 的小牛高湯熬煮至 200mℓ。
＊2　參照 60 頁

烹調要點

1	用平底鍋將比目魚的表面煎熟封住
2	為了維持魚肉的軟嫩，用較低的溫度烤
3	中途一邊淋油一邊烤
4	以小牛高湯為底的濃醇醬汁與雪莉醋的酸味達到完美平衡

魚皮在烤的時候很容易黏在器
皿上，因此在放入烤箱之前要
先用平底鍋將表面煎熟封住。
這樣還同時可以預防魚肉變得
乾澀並鎖住鮮味，具有上色和
增添香氣的效果。

作法

〔烤比目魚〕

（1）比目魚去除魚鰭、魚鱗、內臟，切下魚頭和魚尾後用水清洗。在帶骨的情況下切成 4 塊（tronçon，參照 168 頁）。調理盤撒上鹽和胡椒，放上比目魚，表面再撒上鹽和胡椒。

（2）平底鍋內放入適量的奶油和橄欖油加熱，等到奶油稍微上色、氣泡變小後放入比目魚。

（3）將比目魚兩面的表皮煎熟。由於放入烤箱後的烘烤時間短，因此在這個階段要將比目魚煎到上色。

（4）將比目魚和煎魚的油脂放入焗烤盤中，上面放上百里香和月桂葉。

（5）放入烤箱，中途取出淋油（arroser），180℃ 約烤 15 分鐘。用手指按壓魚肉，如果感覺魚肉快要從魚骨脫落就代表已經烤好了。

〔製作醬汁〕

（6）將紅蔥頭和雪莉醋放入鍋中，熬煮至水分收乾為止。

（7）加入小牛高湯，稍微熬煮後用極細圓錐形濾網過濾。

（8）奶油放入平底鍋中加熱至褐色（beurre noisette）。

（9）將 8 加入 7 中增添風味並調整濃度（monter）。用鹽和胡椒調味。

〔製作配菜〕

（10）用適量的奶油拌炒雞油菇。牛蒡洗淨後斜切，用適量的奶油拌炒，加入雞高湯，蓋上蓋子蒸煮。混合褐色的糖漬小洋蔥、雞油菇、牛蒡，用奶油拌炒加熱，最後再撒上義大利巴西里。用鹽和胡椒調味。

〔盛盤〕

將 10 的配菜盛入盤中，上面放上 5 的比目魚，最後再淋上 9 的醬汁。

【baked in salt crust】

3 | cuire en croûte

cuire

en croûte 指的是用鹽味麵團、派皮麵團或是布里歐麵團將魚、雞或肉塊充分包裹好後送入烤箱加熱的烹調法。「cuire」指的是加熱，「en croûte」則是含有用麵團包裹之意。用粗鹽包裹加熱的烹調法則稱作「cuire au gros sel」（「gros sel」指的是粗鹽）。

「用烤箱烤好之後，在端上桌的大型器皿上，看到的是有如小山般的淡褐色粗鹽。用木槌將粗鹽敲開之後散發出一陣陣的香草香氣，完整的一條魚也從粗鹽中慢慢地露出來……」這時正是期待美味的情緒達到巔峰的瞬間。

這種用粗鹽或是鹽味麵團包裹後烤出來的料理，除了有這種令人驚喜的演出效果之外，由於鹽味會均勻地分布於食材當中，鹽所含有的礦物質和碘可以增添食材的鮮味。另外，鹽鎖住了食材的鮮味和水分，以這種烹調

法做出來的料理風味溫和醇厚。

另一方面，用派皮麵團包裹後烘烤的料理，由於派皮可以和當中的食材一起享用，因此不僅食材變得更美味，同時也可以享受到派皮香酥的口感。

這種包裹後烘烤的烹調法，其魅力在於除了可以鎖住食材的風味之外，麵團也為食材增添了鮮味和香氣，透過食材和麵團的搭配，可以變化出各式各樣的料理。

這種包裹後烘烤的烹調法是藉由烤箱內高溫的熱氣，從表面開始慢慢地向中心部加熱，從加熱方式的角度而言，屬於第 2 章「rôtir」的一種（roast。28 頁）。由於麵團包裹住了食材，因此對於食材的導熱十分溫和，可以烹調出更濕潤多汁的料理。

然而，正因為看不見被麵團包裹住的食材，因此必須更加注意食材的事前準備以及烤箱的溫度、時間調整等，心中也必須更明確知道希望呈現出什麼樣的料理，朝著這個目標進行烹調。

Point 1 適當準備每一種食材

由於從加熱開始到加熱完成為止，都無法對食材做出任何修正，因此事前的準備便成為了一大重點。

如果食材是一整條魚，那麼便要取出內臟，將污垢清洗乾淨，之後再將水分徹底擦乾。血和汙垢是產生臭味的主因，而水分則會帶給魚多餘的濕氣，如此一來，烤出來的料理會變得水水的。尤其是用派皮包裹的料理，多餘的水分會讓料理失去了最重要的酥脆和輕盈口感。

Point 2 〔用派皮包裹〕讓麵團和食材同時間烤熟

用派皮包裹的料理追求的是「食材濕潤、外皮酥脆輕盈」這兩種相對照的美味口感。也就是說，必須在相同的時間點將受熱方式不同的派皮和當中的食材烤熟。為了做到這一點，首先必須遵守食譜中記載的食材大小和烹調時間。接下來要用金屬串籤確認食材的熟度。如果中心部分也已經熱了，就代表已經烤好了。另外，累積經驗並充分了解麵團和食材的特性、烤箱的習性、溫度管理以及烘烤時間等，便可以掌握最佳時機。

Point 3 〔用鹽包裹〕保持鹽和食材的平衡

為了能夠確實包裹食材不脫落，一般會將粗鹽加蛋白攪拌均勻，有時還會加一些香草。這一層鹽經過烘烤後會變成硬殼，讓裡面的食材處於蒸烤的狀態。同時，鹽分和礦物質滲透後會讓食材變得更美味。然而，如果放的鹽過多，除了會過鹹之外，受到滲透壓的影響，反而會奪去食材的水分，讓食材變得乾澀。

這時候需要的是一層保護膜。魚皮和肉的油脂雖然可以達到某種程度的效果，但有時還是會另外再在食材上抹油。如果是肉類的話有時會再包裹上一層豬的背部脂肪。

另外，包裹上粗鹽之後要立刻送入烤箱，烤好之後也不要長時間放置。這也是防止料理變得過鹹的重點之一。

將上下的派皮充分壓緊

重疊 2 張派皮，不要讓派皮和內餡間有任何空隙，一邊排除多餘的空氣，一邊用手指將派皮壓緊。為了避免派皮在烘烤的時候脫落，一定要將派皮壓緊，甚至可以看到指印。操作的過程中如果因熱使得派皮變軟，可以放入冰箱冷藏一陣子後再繼續操作。

粗鹽最好掌握在用手握住時會留下痕跡的硬度

粗鹽混合蛋白，最適當的硬度是用手握住時會留下痕跡不變形，如果過軟則不好操作。食材和粗鹽間不要留下任何空隙，維持相同的厚度，用雙手輕壓，將食材確實包裹起來。

香烤派皮包絞肉佐波特醬

Petit pâté de viande sauce porto

用派皮包裹牛和豬絞肉，
再放入烤箱烘烤。
多汁的肉和酥香的派皮，
再搭配上帶有溫和甜味的
波特酒風味醬汁一起享用。

材料（4 人分）

內餡

牛絞肉		250g
豬絞肉		100g
洋蔥（切成 5mm 的小丁）		30g
新鮮香菇（切成 5mm 的小丁）		25g
竹筍（水煮。切成 5mm 的小丁）		10g
開心果 ＊1（去皮）		10g
巴西里（切末）		4g
肉豆蔻		適量
派皮 ＊2		800g
蛋液 ＊3		適量
波特醬 ＊4		適量

◎奶油、鹽、胡椒

＊1 帶皮的開心果可用熱水汆燙後去除
　　薄皮。

＊2 參照 173 頁。

＊3 蛋黃加適量的水攪拌均勻。

＊4 參照 159 頁。

烹調要點

1	內餡要一邊冰鎮，一邊揉拌
2	包裹的時候注意不要包進空氣
3	放入冰箱讓麵團收緊
4	頂端開一個空氣孔
5	用金屬串籤刺入中心部位，如果熱了就代表烤好了

如果想做出多汁的內餡，肉當
中最好含有 3 成的脂肪成分，
牛肉與豬肉的比例約是 2 比 1。
另外，內餡要一邊冰鎮，一邊
揉拌，直到產生黏性為止。

作法

〔製作內餡〕

（1）用適量的奶油將洋蔥和香菇炒軟（suer）。竹筍水煮後放涼備用。開心果切碎。

（2）將內餡的材料和鹽、胡椒放入鋼盆中揉拌至產生黏性為止。為了讓材料更能融為一體，揉拌的時候要一邊冰鎮鋼盆。分成 4 等分，用雙手交互拍打，將空氣拍打出來。

〔用派皮包好後烘烤〕

（3）將派皮擀成 2 ～ 3mm 厚，切成 15cm 的正方形。準備 8 張這樣的正方形派皮，放進冰箱冷藏。將派皮放在烘焙紙上，將滾成球狀的 2 放在中央，四周塗上用來當作黏著劑的蛋液。

（4）另一張派皮轉 45 度後覆蓋。沿著內餡的四周用手指按壓，讓上下兩張派皮黏緊。

（5）放入冰箱冷藏收縮後，用直徑 10cm 的圓形壓模器壓出一個圓形。

（6）在麵團的表面塗上蛋液增添色澤。

（7）用刀子在麵團的表面劃出放射狀的花紋，再用刀尖按壓派皮邊緣。

（8）用刀尖在麵團中央頂端開一個透氣的小孔，再將烘焙紙捲成筒狀後插入。此舉是為了不讓肉汁流出來。

（9）放入 200℃ 的烤箱約烤 20 分鐘。等到麵團隆起，整體呈現金黃色後，用細的金屬串籤刺入中心部，如果是熱的，就代表已經熟透了。

〔波特醬〕

（10）根據喜好在波特醬中加入奶油增添風味並調整濃度（monter），最後再用鹽和胡椒調味。

〔盛盤〕

將醬汁鋪在盤子上，放上 9，根據喜好佐上細葉香芹、蝦夷蔥等。

香烤派皮包鱸魚佐修隆醬

Loup en croûte sauce Choron

香酥的派皮包裹著鱸魚,裡面還有海鮮風味的慕斯。
派、魚、慕斯以及醬汁,可以同時享受到多重美味。

烹調要點

1	**鱸魚要先醃過**
2	**製作滑順的慕斯**
	a 用食物調理機攪拌魚漿直到產生黏性為止
	b 器具和材料都要經過充分冷卻
3	**確實將派皮與派皮黏緊**
4	**盛盤時只需要放上表面烤得金黃的部分派皮即可**

首先確實將魚肉搗碎,帶出黏性和彈力。鹽除了提味之外,同時也是讓魚漿產生黏性的重要成分。等到魚漿產生黏性後慢慢加入蛋白。蛋白可以發揮黏著的作用。

製作慕斯的時候要使用經過充分冷卻的材料和器具,鮮奶油也一定要冰過之後再加入。這麼做是因為魚漿遇熱會喪失彈力。另外,蛋白和鮮奶油要慢慢加入,攪拌均勻。

材料（4 人分）

鱸魚（連內臟 1kg）··········1 尾
百里香···········3 枝
龍蒿···········3 枝
橄欖油（醃漬用）··········50㎖
派皮＊1···········1kg
蛋液＊2···········適量
魚的慕斯
　┌　白肉魚的魚肉＊3··········90g
　│　扇貝瑤柱···········30g
　│　蛋白···········1 顆
　│　鮮奶油···········120㎖
　│　小蝦···········6 尾
　└　綜合香草···········適量
修隆醬
　┌　貝亞恩斯醬＊4··········200㎖
　└　全熟番茄＊5··········85g
細葉香芹···········適量
◎鹽、胡椒

＊1　參照 173 頁。
＊2　蛋黃加適量的水攪拌均勻。
＊3　這裡的白身魚用的是牛舌魚，但也
　　　可以用鯛魚和比目魚。
＊4　參照 158 頁。
＊5　汆燙後剝皮（參照 171 頁），取出
　　　番茄籽後大致切碎。

作法

〔醃漬鱸魚〕

（1）鱸魚留下魚頭，去除魚鰓、內
臟、魚鰭，撕下魚皮（參照 51 頁）。
撒上百里香、龍蒿，淋上橄欖油後
放入冰箱冷藏，約醃漬 30 分鐘。

〔製作魚的慕斯〕

（2）蝦子去除腸泥，水煮後剝殼，
切成骰子般的小丁。

（3）白肉魚的魚肉、瑤柱撒上鹽，
用食物調理機打成泥，等到產生黏
性後慢慢加入蛋白。

（4）過篩，讓口感更滑順。

（5）將 4 放入鋼盆中，一邊冰鎮，
一邊慢慢加入鮮奶油，充分混合均
勻。等到表面出現光澤且質地滑順
後，加入 2 的蝦子和綜合香草攪拌
均勻，最後再用鹽和胡椒調味。

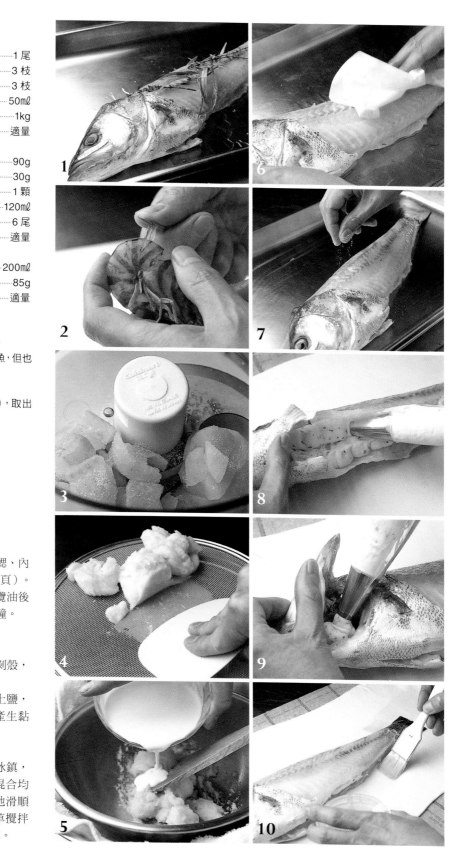

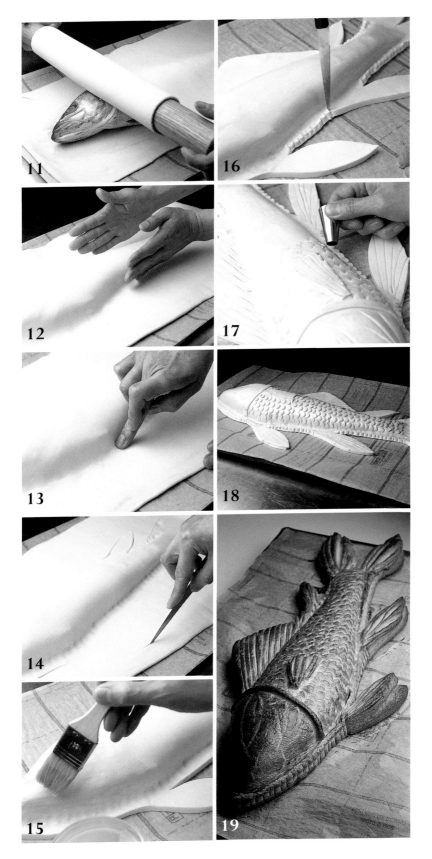

〔填充慕斯，用派皮包起來後烘烤〕

（6、7）拿掉醃漬中 1 的香草，輕輕擦去鱸魚上的油。在表面和腹部撒上鹽和胡椒。

（8）將派皮擀成 3mm 厚，分成 2 張足以將魚放上的長方形。烤盤鋪上烘焙紙，放上 1 張派皮，再將魚放在派皮上。將慕斯放入擠花袋內，擠入魚腹中，讓魚肚隆起至原本的樣子。

（9）翻起鰓蓋，擠入慕斯。

（10）在鱸魚四周的派皮塗上蛋液，準備黏魚鰭的部位也塗上蛋液。蛋液可以發揮黏著劑的效果。

（11）用擀麵棍將另一張派皮捲起，覆蓋在鱸魚上。

（12）順著鱸魚的形狀用手指按壓，將空氣擠出來。如果當中殘留空氣，烘烤時容易爆裂。

（13）再度用手指按壓，確實將上下派皮壓緊。放入冰箱冷藏約 15 分鐘，讓麵團更緊實。

（14）將派皮切割成魚的形狀。

（15）表面塗上蛋液增添光澤。

（16）用刀子在派皮的邊緣留下刀痕。鰓蓋位置放上切成長條狀的派皮。

（17）用擠花嘴刻出魚鱗的模樣。

（18）照片是用派皮包好的鱸魚模樣。

（19）放入 200℃的烤箱約烤 30 分鐘。等到派皮上色後調整溫度，避免慕斯過度膨脹。

〔製作修隆醬汁〕
將番茄熬煮至剩下 15g，加入貝亞恩斯醬，再用鹽和胡椒調味。

〔盛盤〕
先讓大家看到烤好的派皮包鱸魚後，將去骨的魚肉和慕斯盛入盤中，淋上修隆醬汁，佐上金黃色的派，最後再放上細葉香芹裝飾。

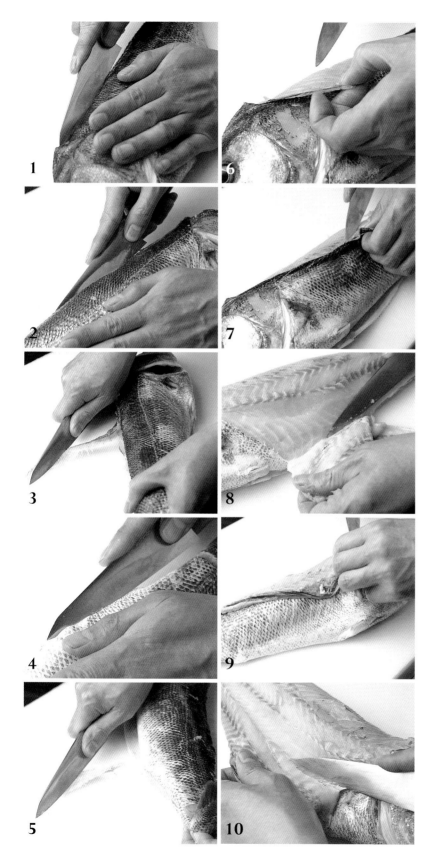

撕去整張魚皮

如果連同魚皮一起蒸煮則會產生腥味，因此要先去除魚皮。

（1）切除背鰭，清除裡面殘留的部分。從鱸魚的背鰭部位下刀，順著背鰭滑動刀子。

（2）將魚翻面，反面也進行同樣的動作。

（3）用刀子將背鰭的殘留部分壓在砧板上，抓住魚尾朝向魚頭方向拉，去除剩餘的背鰭。

（4）從靠近尾鰭的部分下刀，順著尾鰭滑動刀子。

（5）反面也進行同樣的動作，用刀子將尾鰭的殘留物壓在砧板上，抓住魚尾朝向魚頭方向拉，去除剩餘的尾鰭。

（6）從魚背開始，將刀尖放平，從魚皮和魚肉間下刀，滑動刀子，慢慢將皮撕下。

（7）左手橫向拉脫落魚皮，繼續從魚皮和魚肉間下刀，滑動刀子。如果向上拉扯，則魚肉很容易就會剝落，需要特別注意。

（8）從魚頭開始，朝向魚腹方向慢慢將魚皮撕下。由於魚腹的肉很薄，因此需要特別注意不要傷及魚肉，順著腹骨慢慢滑動刀子。

（9）將鱸魚翻面，反面也同樣先從魚背下刀。下刀的時候將刀尖放平，一邊向前拉，一邊慢慢滑動刀子將魚皮撕下。

（10）最後順著腹骨滑動刀子，將魚皮和魚肉分離。

粗鹽烤鯛魚
Dorade au gros sel à la provençale

用粗鹽包好後
再用烤箱蒸烤完成的整條鯛魚，
魚肉濕潤，帶有淡雅的鹹味。
配上顏色豐富的蔬菜和青醬，
是一道華麗高雅的佳餚。

材料（4人分）

鯛魚＊1（連內臟1kg）	1尾
百里香	3枝
月桂葉	1片
迷迭香	1枝
大蒜（去皮，輕輕拍碎）	1瓣
橄欖油	50mℓ
粗鹽	2.5kg
蛋白	200g（約5顆蛋的分量）

配菜＊2

櫛瓜	1條
迷你紅蘿蔔	12根
小蕪菁	2顆
櫻桃蘿蔔、小洋蔥	各6顆
四季豆	80g
小番茄	12顆

青醬

羅勒葉	20g
大蒜	少許
初榨橄欖油	50mℓ
檸檬汁	適量

◎胡椒、奶油、鹽

＊1　鯛魚去除尾鰭以外的所有魚鰭，刮掉魚鱗，去除內臟。

＊2　將櫛瓜、迷你紅蘿蔔、小蕪菁切成同樣大小，削去切口稜角後用鹽水煮熟。櫻桃蘿蔔和去皮的小洋蔥分別用鹽水煮熟，四季豆也用鹽水煮熟後切成小段。小番茄汆燙後去皮。

烹調要點

1	仔細清洗鯛魚去除腥臭味
2	將水分徹底擦拭乾淨
3	在鯛魚表面抹上橄欖油
4	用鹽均勻地將鯛魚包起來
5	包好了之後立刻送入烤箱
6	大約等到表面的鹽呈現淺褐色就代表烤好了
7	烤好之後不要長時間放置，立刻盛盤

大約等到表面的鹽呈現淺褐色就代表烤好了。在客人的面前敲開粗鹽，首先讓客人享受一陣陣的香草香氣。為了避免鹽滲透鯛魚，烤好之後要立刻盛盤。

作法

〔用粗鹽包裹鯛魚後烘烤〕

（1）將百里香、月桂葉、迷迭香、大蒜塞入去除內臟的鯛魚肚內。

（2）鯛魚撒上胡椒，均勻抹上橄欖油。油具有防止鹽過度滲入鯛魚的效果。

（3）將蛋白充分打散，慢慢加入粗鹽，用手混合均勻。

（4）鹽的濕潤程度最好是用手握住後可以留下形狀。可以用蛋白調整硬度。

（5）將4放在焗烤盤上，再放上鯛魚。

（6）上面再覆蓋鹽，用手按壓，確實將鯛魚包好。鹽的厚度大約是1cm左右，維持厚度均一。放入220℃烤箱，約烤20～30分鐘。

〔製作青醬〕

（7）汆燙羅勒葉，連同其他材料一起放入果汁機中。可以用橄欖油來調整濃度。

〔盛盤〕

（8）當鹽呈現淡褐色的時候就代表烤好了。

（9）取下粗鹽，小心不要破壞魚肉。

（10）取下鯛魚皮，小心魚刺，將魚肉盛入盤中。鍋子放入適量的水、鹽、胡椒，放入配菜加熱後放在鯛魚四周，淋上青醬。

香烤鹽味麵團包小羊菲力

Selle d'agneau en croûte de sel

鹽味麵團鎖住了小羊的鮮甜和風味，
以蒸烤的方式烹調，帶有溫和的鹹味。
香草的香氣四溢，
肉質呈現小羊獨有的粉紅色。

材料（4 人分）

小羊肉塊（里脊肉。1.5g）	1 塊
大蒜（切末）	5g
巴西里（切末）	12g
迷迭香（切末）	2g
新鮮麵包粉	15g
橄欖油	5㎖

鹽味麵團

麵粉	300g
鹽	150g
蛋白	150g
沙拉油	30㎖

蛋液 ＊1	適量

醬汁

小羊高湯醬汁 （jus d'agneau）＊2	300㎖
百里香	1 枝

配菜

茄子	160g
橄欖油	50㎖
燉番茄泥 ＊3	120g
格魯耶爾乳酪	30g

炸羅勒葉、百里香	各適量

◎鹽、胡椒、沙拉油

＊1 蛋黃加適量的水攪拌均勻。
＊2 參照 154 頁。
＊3 參照 158 頁。

烹調要點

1	拍打背脊肉的脂肪，讓脂肪延展成薄薄的一層	▶▶
2	將香草的麵衣均勻地裹在肉上	
3	用脂肪將肉包起來後慢煎逼油	▶▶
4	鹽味麵團放入冰箱鬆弛	
5	肉冷卻之後再用鹽味麵團包裹起來	
6	用鹽味麵團將肉包緊，排除空氣	
7	烤好之後靜置片刻，讓肉質呈現粉紅色	

將脂肪用肉錘均勻敲薄。這層脂肪不只能增添肉的美味，還能防止肉直接和鹽麵皮接觸，避免肉吸收過多的鹽分變鹹。另一方面，也能防止肉的水分被鹽麵皮吸收變乾柴。

將包上脂肪的里脊肉放入平底鍋煎。花時間慢慢煎出表面的油脂，去除多餘的油脂。過程中一邊倒掉滲出的油脂，煎到表面充分上色並煎出香氣。

作法

〔準備小羊塊〕

（1）從小羊背脊肉中取出 2 塊里脊肉（紅肉的部分），去筋和多餘的肉（參照 164 頁）。去除里脊肉上多餘的脂肪，讓 2 塊里脊肉的厚度一致。

（2）用刀子刮下剩餘的肉。這些剩下的碎肉和骨頭可以用來製作小羊高湯醬汁（jus d'agneau）。脂肪部分用兩張保鮮膜夾住，再用肉槌拍打延展成薄薄一層。

（3）里脊肉撒上鹽和胡椒。

（4）混合大蒜、巴西里、迷迭香、新鮮麵包粉、橄欖油製成麵衣，取 3 的里脊肉均勻地沾滿麵衣。

（5）用 2 的脂肪部分將 4 的里脊肉捲起來。

（6）用細繩綁緊，調整形狀。

（7）平底鍋加入適量的沙拉油加熱，放入 6 的肉，像要將包裹的脂肪溶解一般慢煎，逼出多餘的脂肪。

（8）等到表面上色後取出放在網架上，完全冷卻後拆開綁繩。

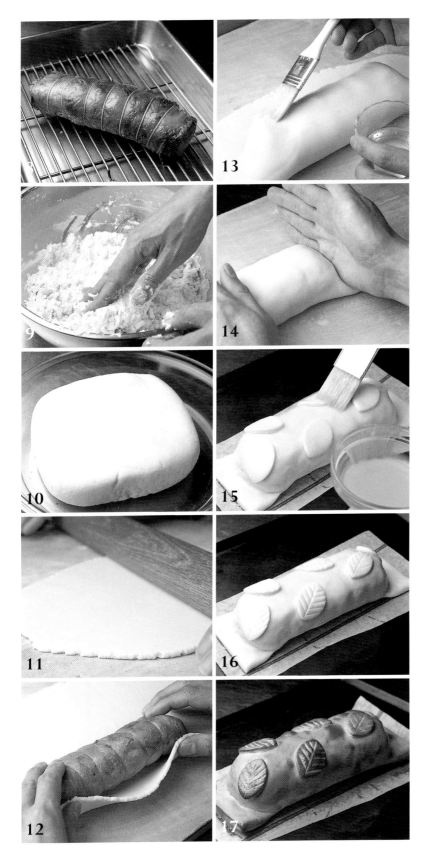

〔製作鹽味麵團〕

（9）充分混合鹽和麵粉，慢慢加入打散的蛋白和沙拉油揉拌。

（10）等到揉成一個完整的麵團後放入冰箱冷藏鬆弛約30分鐘。

〔用鹽味麵團包肉後烘烤〕

（11）將10的麵團分成2分，用擀麵棍擀成2～3m厚。

（12）將煎好的8放在擀好的麵團上捲起來。

（13）用水當作黏著劑塗在麵團交接處，將兩端的麵團黏緊。

（14）用手順著肉的形狀按壓，排除空氣，切掉兩端多餘的麵團。

（15）放上切成葉子形狀的麵團當作裝飾，塗上蛋液增添光澤。

（16、17）烤盤鋪上烘焙紙再放上15，放入220℃烤箱約烤15分鐘，注意不要讓鹽味麵團烤焦。

（18）用金屬串籤從不起眼的地方刺向肉的中心部，10秒後取出放在對溫度敏感的嘴唇上。如果感覺到些微的溫度（約50℃）便可以出爐。取出放在網架上，在溫暖的地方靜置約10分鐘。如此一來，肉汁會逐漸回流，餘溫也會將中心部位烤得恰到好處。

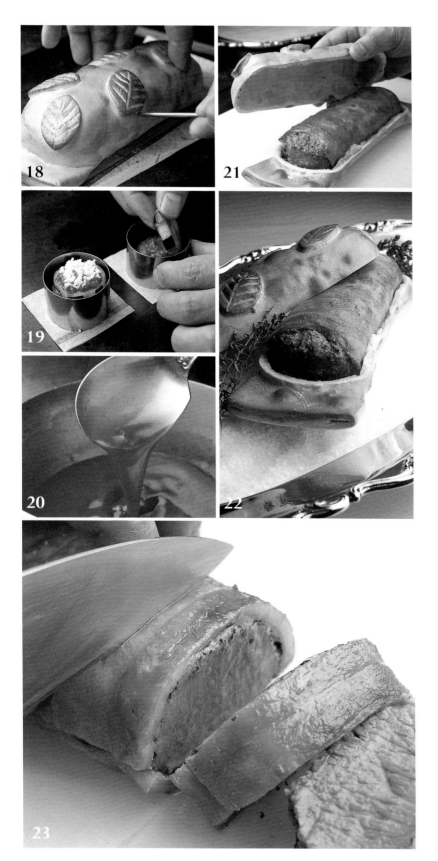

〔製作配菜〕

（19）削去部分的茄子皮，切成1cm厚的圓片，撒上鹽和胡椒。平底鍋加入橄欖油加熱，將茄子兩面煎熟。將茄子鋪在塔圈（圓形的環）內，放上燉番茄泥。重複交疊3層，最後撒上格魯耶爾乳酪。放入180～200℃的烤箱內，烤至溫熱為止。

〔製作醬汁〕

（20）加熱小羊高湯醬汁，加入百里香。稍微熬煮讓醬汁有一定的濃度，用鹽和胡椒調味（有必要的話可以用加水調勻的玉米粉調整濃度）。

〔盛盤〕

（21）讓客人看到剛出爐的成品後將四周切開，取下鹽味麵團。

（22）照片是分割前給客人欣賞的盛盤方式之一。

（23）切成2cm厚的肉片後盛入盤中，配上19的配菜並淋上20的醬汁。最後再放上炸過的羅勒葉和百里香裝飾。

4 poêler

poêler 指的是「將大塊肉或整隻家禽，與洋蔥、紅蘿蔔、芹菜等香味蔬菜和奶油一起放入鍋中，蓋上蓋子，用烤箱加熱」的烹調法。鍋中幾乎不加入任何液體，由於是利用食材本身的水分蒸烤，因此做出來的料理十分多汁。

這種烹調法的重點在於如何讓肉類吸取香味蔬菜和奶油的風味。準備有蓋子的厚鍋、蒸烤的時候確實蓋上蓋子、邊烤邊淋油等，這樣才會讓烤出來的肉品濕潤多汁且與蔬菜和奶油的風味融為一體。

同樣是將肉塊放入烤箱內加熱的「rôtir（roast）」烹調法與「poêler」非常相似，但相較於「poêler」是將香味蔬菜和肉一起放入鍋中後蓋上蓋子蒸烤，烤出來肉品表面也非常濕潤，而「rôtir」則是不加蓋，且重點在於將肉品的表面烤得香脆。

順道一提，「poêler」這個詞彙有 2 種意義，近年來多半用來指「用平底鍋煎切成一定大小的塊狀食材」的烹調法，這是由於「平底鍋」在法文被稱作「poele」，所以才以此命名。然而，這種烹調法從技法而言應該屬於「sauter」（參照 6 頁）的一種。雖然同樣被稱為「poêler」非常容易混淆，但請大家記住兩者是完全不同的烹調法。

Point 1 使用可以確實蓋上鍋蓋的厚鍋

「poêler」是藉由蓋緊鍋蓋，利用食材本身的水分蒸烤，讓食材多汁軟嫩的烹調法。為此，最好使用鍋蓋有一定重量且密閉性高的鍋子。使用「poêler」這種烹調法時，由於食材在烤箱內不容易上色，因此多半是一開始先將食材煎至上色後再放入烤箱。另外，出爐前打開鍋蓋將表面烤全上色也是另一種作法。

Point 2 與香味蔬菜一起加熱

切成小丁的香味蔬菜稱作「mirepoix」，紅蘿蔔、洋蔥、芹菜是最常見的香味蔬菜，根據製作的料理不同，有時也會使用紅蔥頭、韭蔥等。「poêler」的烹調法可以將這些蔬菜的風味和甜味帶入肉中，是讓料理更美味的重要元素，因此要選擇適當的蔬菜組合，切成適當的大小，讓蔬菜在肉的加熱時間內可以煮熟，並且能夠釋放足夠的風味。

Point 3 藉由淋油，增添鮮味

「poêler」在加熱的過程當中，肉類、蔬菜以及奶油所釋放的鮮味會溶解在鍋底的油脂當中。不時從烤箱中取出，淋上鍋底的油脂，讓肉類吸滿奶油和蔬菜的風味。這個動作稱作「arroser」。

Point 4 出爐之後靜置片刻

肉烤好之後放在溫暖的地方靜置與烹調等長的時間。這是在加熱肉塊的時候為了讓肉汁安定並回流的必要步驟。上面蓋上一張鋁箔紙，保溫並預防乾燥。

蓋好蓋子，確實密閉

最好使用材質厚的鍋子。最重要的是有一個擁有一定重量的蓋子能夠蓋緊。由於食材在密閉的狀態下加熱，所以能夠讓蔬菜和奶油的風味進到肉裡，且水分不會流失，讓做出來的料理更多汁。

讓肉靜置

剛烤好的肉類其肉汁尚未穩定，如果馬上切開，則會讓肉汁流失。藉由靜置與烹調等長的時間可以讓肉汁回流，使得肉品更濕潤。

將里脊和肋排兩種豬肉
放入烤箱內蒸烤。
增添了蔬菜奶油的風味，
散發出老奶奶令人懷念的好滋味。

材料（4 人分）
豬背里脊肉＊1（去骨）────── 500g
豬肋排────────── 2 根（600g）
洋蔥（切成 2cm 小丁）────── 50g
紅蘿蔔（切成 2cm 小丁）───── 50g
芹菜（切成 2cm 小丁）────── 30g
大蒜（帶皮，輕輕拍碎）────── 1 瓣
奶油──────────────── 20g
醬汁
┌ 白酒───────────── 80mℓ
│ 小牛高湯────────── 300mℓ
│ 雞高湯───────────100mℓ
│ 百里香───────────── 1 枝
│ 月桂葉───────────── ½ 片
└ 奶油（提味用）────────── 10g
配菜
┌ 培根（切成 5mm 寬，
│ 3 ～ 4cm 長的小段）────── 60g
│ 蘑菇（切成 4 塊）────────100g
│ 奶油──────────────── 20g
│ 馬鈴薯＊2 ──────────約 300g
│ 褐色的糖漬小洋蔥
│ ┌ 小洋蔥──────────── 24 顆
│ │ 砂糖───────────── 5g
│ └ 奶油───────────── 10g
└ 巴西里（切末）─────────── 4g
◎鹽、胡椒、沙拉油、奶油
＊1 豬肉必須要有一定的厚度。這裡配合
　　豬肋排的大小（1 根 300g），使用 2
　　塊 250g 的里脊肉。
＊2 馬鈴薯削成橄欖球狀（cocotte，參照
　　170 頁），準備 24 顆。

老奶奶的悶烤豬肉

Côte de porc poêlée grand-mère

烹調要點

1	配合食材量，準備有蓋子的鍋子
2	首先將肉類表面煎至上色
3	確實蓋緊鍋蓋，放入烤箱加熱
4	淋油增添風味
5	用比「roast」稍低的溫度烘烤
6	靜置與烘烤等長的時間
7	製作富含肉類鮮味、香味蔬菜以及奶油風味的醬汁

▶▶

分數次將鍋子從烤箱中取出，
舀起囤積在鍋底的油，淋在肉
上（arroser）。此舉可以讓肉、
奶油、蔬菜的精華進到肉當中。

作法

〔蒸烤豬肉〕

（1）調理盤撒上鹽和胡椒，放上豬肉，表面再撒上鹽和胡椒。側面也要撒上鹽和胡椒。撒完之後立刻開始烹調。

（2）鍋子放入適量的沙拉油和奶油，等到氣泡變小後放入豬肉。

（3）鍋子大小和肉的比例大約如照片所示。如果有太多的空隙，則空隙部分的油脂很容易升溫燒焦。

（4）上下左右翻面，徹底為豬肉上色。

（5）取出豬肉，將洋蔥、紅蘿蔔、芹菜、大蒜鋪在鍋底，上面放上豬肉，再放上撕成小塊的奶油。放入180℃烤箱加熱。

（6）約10分鐘後取出，舀起鍋底的油，淋在肉上（assoser）。將鍋子放回烤箱內。

（7）約烤20分鐘便可以出爐。將豬肉放在網架上，蓋上鋁箔紙，放在溫暖的地方靜置與烹調等長的時間，約20分鐘。

（8）照片為靜置後豬肉的斷面。肉汁回流，中心部位也已經熟透，但肉質不硬，非常多汁。

〔製作醬汁〕

（9）將烤肉的鍋子直接放在瓦斯爐上加熱，讓精華附著在鍋底。加入白酒，溶解附著在鍋底的精華（déglacer），熬煮。

（10）加入小牛高湯和雞高湯，沸騰後轉小火。加入百里香、月桂葉，一邊撈取浮渣，一邊熬煮至剩下一半的量。

（11）用極細圓錐形濾網（chinois）過濾，再度開火。小心撈起浮在表面的油脂，用鹽和胡椒調味，加入奶油增添風味並調整濃度（monter）。

〔製作配菜〕
（12）製作褐色的糖漬小洋蔥。洋蔥去皮後用刀尖在中間劃上十字刀痕。這是為了讓中心部更容易熟透。
（13）將小洋蔥放入鍋內，加入蓋過小洋蔥的水，再放入奶油、砂糖，用鹽和胡椒調味，蓋上紙鍋蓋，開火加熱。
（14）用竹籤刺洋蔥，如果很容易就可以刺穿，則可將洋蔥取出。繼續熬煮湯汁，等到呈現褐色後將洋蔥放回鍋中，裹上湯汁。
（15）馬鈴薯放入鍋中加水後開火，沸騰後立刻取出，將水分瀝乾。接下來用較多的沙拉油拌炒，一邊上色，一邊慢慢地將馬鈴薯炒熟。瀝掉多餘的油脂。
（16）各用適量的奶油將培根和蘑菇炒熟。平底鍋內放入奶油加熱，等到氣泡變小且稍微上色後放入 15 的馬鈴薯拌炒，讓馬鈴薯吸取奶油的香氣。再加入培根、蘑菇、14 的洋蔥拌炒，讓各樣食材回溫。撒上巴西里，用鹽和胡椒調味。

〔盛盤〕
（17）將配菜的蔬菜盛入盤中，上面放上切好的里脊肉和去骨的豬肋排，最後再淋上醬汁。

蒸烤鴨胸
佐蕈菇

Coffre de canard en cocotte aux champignons

香脆的鴨皮、多汁的鴨肉，
搭配上調和脂肪鮮味的
濃郁醬汁一起享用。
佐上蕈菇的風味，
就是一道散發濃濃秋意的佳餚。

材料（4 人分）
帶骨鴨胸肉............1 隻的量（約 850g）
鴨骨架（切小塊）............................1 隻的量
紅蔥頭（切成 1cm 小丁）......................50g
大蒜（帶皮，輕輕拍碎）.........................2 瓣
百里香...3g
白酒..80mℓ
小牛高湯..200mℓ
雞高湯...150mℓ
奶油..30g
配菜
   大黑鴻禧菇.....................................80g
   舞菇...80g
   大朵香菇..80g
   大朵蘑菇..80g
   大蒜（帶皮，經過水煮）...................4 瓣
   蝦夷蔥（切成 1cm 小段）..................10g
蘿蔓萵苣...適量
◎鹽、胡椒、橄欖油、奶油

烹調要點

1	使用確實可以將蓋子蓋緊的鍋子
2	煎鴨皮逼出多餘的油脂
3	最後打開鍋蓋，將鴨皮烤得香脆
4	靜置片刻，讓鴨肉呈現粉紅色
5	利用鍋底的濃縮精華製作醬汁

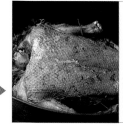

剛從烤箱取出的鴨肉，其中部位尚未烤熟。讓烤好的鴨肉靜置片刻，除了可以讓肉汁回流外，同時也可以藉由餘溫將中心部位烤熟，呈現粉紅色。

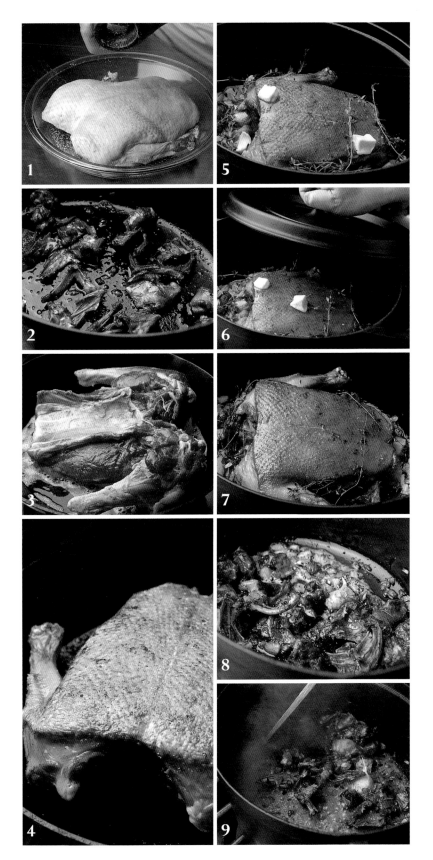

作法

〔蒸烤鴨肉〕

（1）在去除鎖骨的鴨胸肉上撒鹽和胡椒。

（2）燉鍋加入適量的橄欖油加熱，將鴨骨炒至上色為止。

（3）平底鍋加入適量的橄欖油加熱，放入 1 的鴨胸肉，先從鴨皮開始慢煎，逼出多餘的油脂。

（4）翻面，鴨肉部分稍微煎過即可。

（5）將 4 的鴨皮朝上放入 2 的燉鍋中，加入紅蔥頭、大蒜、百里香，再將 20g 的奶油撕成小塊後放入。

（6）燉鍋蓋上鍋蓋，放入 180℃ 烤箱，加熱約 10 分鐘。

（7）打開鍋蓋，繼續在烤箱內加熱 5 分鐘上色。如果表面乾燥，可以舀起鍋底的油脂淋在肉的表面（arroser）。烤好之後取出，靜置與烹調等長的時間。

〔製作醬汁〕

（8）將燉鍋放到瓦斯爐上開火，讓精華附著在鍋底。注意千萬不要燒焦。

（9）倒入白酒，溶解附著在鍋底的精華（déglacer）。

（10）加入小牛高湯和雞高湯。

（11）仔細撈取表面的浮渣，熬煮一陣子。

（12）用極細圓錐形濾網過濾後再度開火，撈起浮上來的油脂，用鹽和胡椒調味。加入奶油 10g，增添風味並調整濃度（monter）。

〔製作配菜〕

（13）將蕈菇類切成容易入口的大小。

（14）燉鍋內加入適量的奶油和橄欖油加熱，放入大蒜和蕈菇類拌炒。蓋上蓋子開火蒸煮。起鍋前撒上蝦夷蔥，再用鹽和胡椒調味。

〔切割鴨肉〕

（15）將靜置後的鴨肉胸部朝上放置，從中間下刀。

（16）沿著骨頭滑動刀子。

（17）用刀子壓住骨頭，將鴨胸肉拉開。另一邊也用相同的方式將鴨胸肉取下。

（18）從鴨胸將鴨翅切下。鴨胸肉切成 1cm 薄片。

〔盛盤〕

將蕈菇類和大蒜盛在經過溫熱的盤子上，鴨胸肉放在中間。放上蘿蔓萵苣裝飾，淋上醬汁。

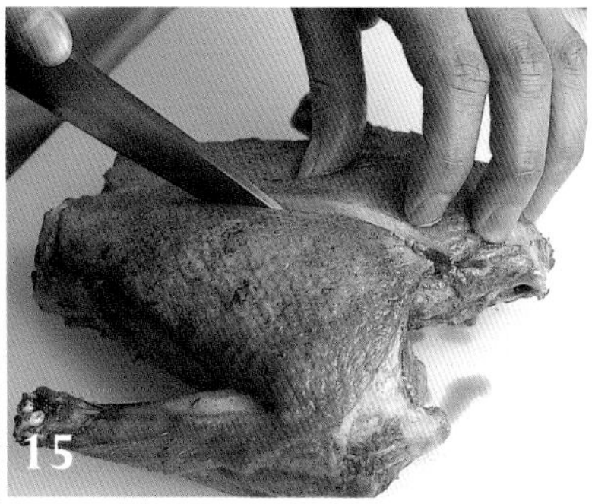

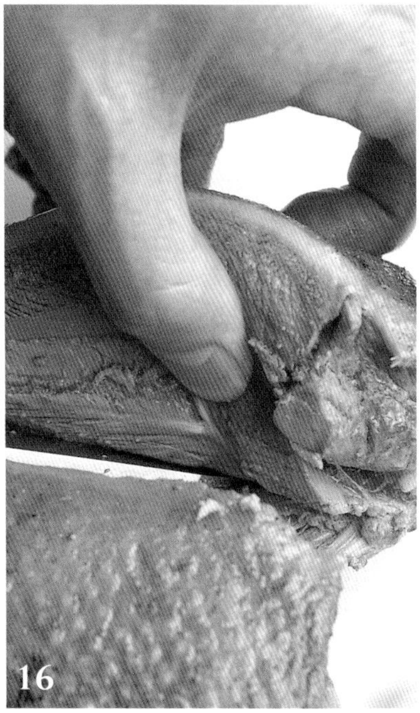

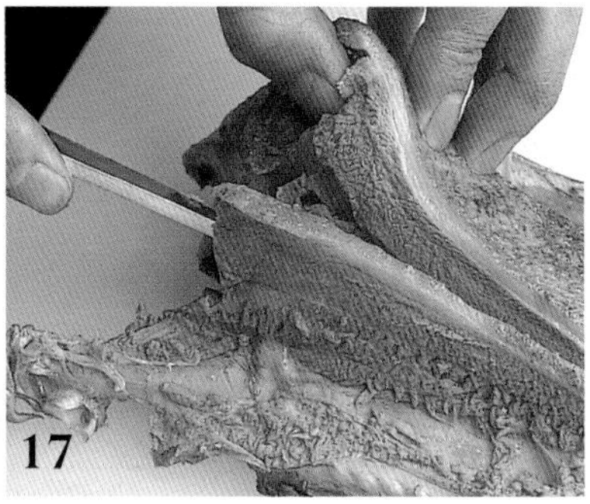

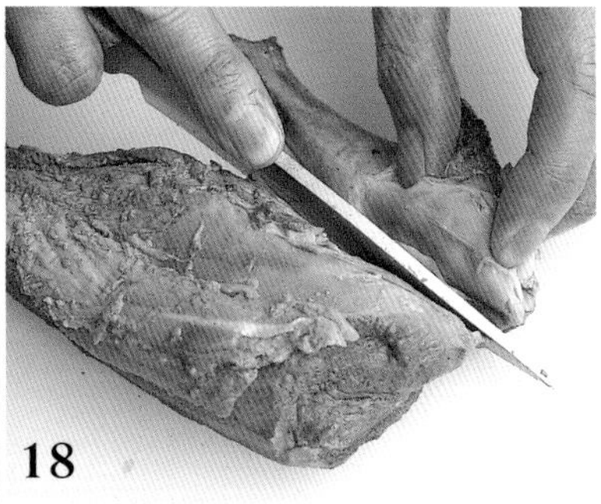

section

5 | 【deep-fry】 frire

frire 也就是「油炸」，是將食材放入滿滿的熱
油中加熱的烹調法。經過油炸可以讓食材
表面均勻上色、中心部熟透且膨鬆軟嫩。另外，這種烹調
法藉由油的熱能將食材的水分去除地恰到好處，帶出食
材的鮮味。

　　這種使用大量油的烹調法可以全方位地將熱能導向
食材，因此不容易發生加熱不均的狀況。另外，由於是較
高溫的短時間加熱，最大的優點在於表面立刻煮熟，保
留了原味和色澤，並且無損外形。

　　「frire」可分為不裹麵衣的清炸和裹上麵粉或麵包粉
等的麵衣油炸兩種。清炸由於食材直接與油接觸，會讓
食材的水分急速蒸發。因此，如果希望享受例如洋芋片

等清脆口感，或是希望濃縮食材本身鮮味時，適合使用
清炸的方式。

　　另外，如果是裹上麵衣後油炸，由於食材有麵衣的
保護，因此可以得到多汁軟嫩的口感。「炸魚柳（68頁）」、
「鮮炸牛舌魚（70頁）」便是這種烹調法的例子，可以
同時享受到麵衣酥脆蓬鬆的多重口感。

　　無論是哪一種作法，影響美味的關鍵都在於如何控
制麵衣和食材因油溫而喪失的水分。如果沒有控制好，
則食材便有可能呈現乾澀的脫水狀態，也有可能燒焦、
或是因為吸取多餘的油脂而變得油膩。

　　正因為是「油加熱後放入食材」的單純烹調法，才
更要仔細觀察油的狀態和變化。

Point 1 調節油的適溫

油鍋要盡量保持一定的溫度，最好使用既深，材質又厚，且溫度不容易變化的鍋子。另外，為了避免食材下鍋後油溫下降，必須要使用大量的油。

如果一次放入過多的食材則會讓油溫下降，因此，放入的食材不要相互交疊，保留一些緩衝空間。另外，如果油溫過高，則可以再加一點油或是關火，以此調節油溫。

Point 2 認識「水分與油」的深奧關係

油炸前一定要將食材上的水分擦拭乾淨。如果食材上有水就直接放入高溫的油鍋，則水分立刻氣化，熱油四濺，十分危險。

在油炸的過程當中，隨著加熱，食材和麵衣的水分會逐漸蒸發，鮮味濃縮，帶出食材原有的美味。然而，如果炸過頭，則會呈現乾澀的脫水狀態，最終便會燒焦。

剛開始油炸的時候仔細觀察油鍋，食材和麵衣當中所含的水分會因熱能變成水蒸氣，油鍋會發出劈哩啪啦的聲響並開始冒泡。根據氣泡的大小、氣勢以及聲音等判斷食材的油炸程度。

Point 3 適合食材的溫度和油炸方式

根據食材的種類、大小以及希望製作的料理不同，油鍋的適溫也不同。例如，如果將有一定厚度的食材放入高溫的油鍋，則有可能表面燒焦了中心部卻還沒熟。然而，如果油溫過低，則表面無法固定，食材也會因為吸取過多的油而變得油膩。

因此，塊狀食材或較厚的食材最好炸兩次。第一次用較低的油溫炸，以便將中心炸熟，第二次則提高油溫，確保將表面炸成金黃色。

另外，馬鈴薯等容易黏鍋的食材，油炸時應不時用筷子或油炸網攪拌，讓食材能夠均勻受熱。這個動作也可以有效維持油鍋的溫度。

無論如何，炸好之後必須立刻盛盤，如果放置過久，則食材出水浸濕表面，就會喪失好不容易炸出來的酥脆口感。

判斷油溫的方式

用溫度計測量油溫最萬無一失，但如果沒有溫度計，則可以根據冒泡的方式、浮上的麵衣以及聲音等做出綜合判斷。例如在炸馬鈴薯的時候，如照片所示，從油鍋邊緣放入，等到食材周圍開始附著許多細小的氣泡，就代表是可以開始油炸的150～160℃適溫。如果油溫不足，則氣泡不會附著在馬鈴薯上，而如果油溫達到180℃，則會不斷地產生氣泡，浮上表面。

根據氣泡的狀態判斷食材的熟度

雖然每一個食材都不相同，但如果是沾了麵包粉的白肉魚，放入180℃左右的油鍋後會冒出猛烈的氣泡，發出的聲響也十分熱鬧，代表這時食材和麵衣的水分逐漸蒸發，正在將食材煮熟。接下來，氣泡的氣勢逐漸收斂，漸漸趨於平靜。等到表面上色，食材感覺變得輕盈，就代表已經熟了。

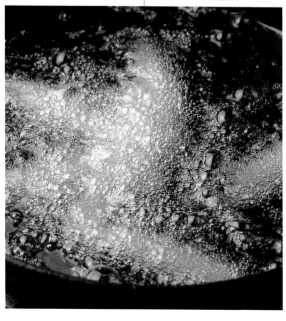

炸魚柳
Goujonnettes de poisson

將魚塑形成好像小魚的形狀後油炸。
麵包粉的香酥,搭配柔軟的白肉魚,
油溫帶出了兩種相互對照的口感。

材料(4 人分)
白肉魚的魚肉(去皮)＊1⋯⋯⋯400g
麵粉⋯⋯⋯⋯⋯⋯⋯⋯⋯⋯⋯⋯⋯適量
蛋液
　┌　蛋⋯⋯⋯⋯⋯⋯⋯⋯⋯⋯⋯⋯1 顆
　│　沙拉油⋯⋯⋯⋯⋯⋯⋯⋯⋯⋯15㎖
　└　水⋯⋯⋯⋯⋯⋯⋯⋯⋯⋯⋯⋯15㎖
新鮮麵包粉⋯⋯⋯⋯⋯⋯⋯⋯⋯⋯適量
塔塔醬
　┌　美乃滋 ＊2⋯⋯⋯⋯⋯⋯⋯⋯1 杯
　│　洋蔥(切末)⋯⋯⋯⋯⋯⋯⋯20g
　│　酸豆(醋醃,切末)⋯⋯⋯⋯1 大匙
　│　酸黃瓜(切末)⋯⋯⋯⋯⋯⋯2 根
　└　綜合香草⋯⋯⋯⋯⋯⋯⋯⋯適量
細葉香芹、蝦夷蔥、檸檬⋯⋯⋯各適量
◎鹽、胡椒、油炸用油
＊1　除了可以用鱸魚、鯛魚等白肉魚之外,
　　　也可以用沙丁魚、鯖魚、鯵魚等。
＊2　參照 157 頁。

烹調要點

1	將魚的水分徹底擦乾後沾取麵衣
2	均勻裹上麵粉、蛋液、麵包粉,去除多餘的麵衣
3	油鍋內一次不要放入太多的食材
4	等到氣泡減少、麵衣上色、食材感覺變得輕盈後便可以起鍋

麵衣的功能在於保護食材,避免直接接觸油,讓食材更濕潤。為了可以均勻沾上麵衣,首先要沾取大量的麵衣。接下來為了避免麵衣在油炸的途中脫落而弄髒了油鍋,要確實去除多餘的麵衣。

作法

〔製作塔塔醬〕

（1、2）洋蔥撒上少許鹽用紗布包起來，用水沖洗後擠乾水分。與其他材料混合均勻。

〔製作炸魚柳〕

（3）將白肉魚的魚肉斜切成寬 1 ～ 1.5cm、長 7 ～ 8cm 的長條。

（4）調理盤撒上鹽和胡椒，放上白肉魚，表面再撒上鹽和胡椒。

（5）魚沾上大量的麵粉後再將多餘的麵粉確實拍掉。

（6）將蛋充分打散，加入沙拉油、水、鹽、胡椒攪拌均勻製成蛋液。5 的魚浸泡蛋液。蛋液材料的比例僅為參考，根據蛋的狀態調整沙拉油和水的量，蛋液不要過稠或過稀，要能確實附著在魚上。

（7）去除多餘的蛋液，沾上大量的麵包粉，再將多餘的麵包粉確實拍掉。

（8）將麵包粉鋪在砧板上，用手掌滾動 7 的魚，塑成小魚的形狀。

（9）將 8 的魚放入 180℃ 的油鍋開始油炸。一次不要放入過多的魚。

（10）在氣泡猛烈冒出的狀態下將魚炸熟。等到氣泡逐漸平緩、麵衣上色、魚變得輕盈之後便可以起鍋，將油瀝乾。

〔盛盤〕

將剛炸好的魚盛入盤中，佐上塔塔醬，再裝飾上細葉香芹、蝦夷蔥。旁邊再放上一塊檸檬。

69

鮮炸牛舌魚

Beignets de sole à la fondue de toma

牛舌魚裹上了加了咖哩粉和
香草的麵衣油炸。
口感既蓬鬆又酥脆，
麵衣與牛舌魚的整體感
是這道菜最大的特色。

材料（4 人分）

牛舌魚（250 ～ 300g）⋯⋯⋯⋯⋯⋯ 2 尾
貝奈特麵糊（beignets）

麵粉	100g
沙拉油	15㎖
蛋黃	2 顆
鹽	少許
啤酒	100㎖
蛋白	2 顆
咖哩粉、綜合香草	各適量

燉番茄泥 *⋯⋯⋯⋯⋯⋯⋯⋯⋯⋯⋯ 適量
巴西里⋯⋯⋯⋯⋯⋯⋯⋯⋯⋯⋯⋯⋯ 適量
◎油炸用油、鹽、胡椒
*　參照 158 頁。

烹調要點

1	輕輕攪拌貝奈特麵糊， 盡量不要擠壓蛋白的氣泡
2	用 170℃的油鍋炸至麵衣蓬鬆隆起， 表面呈現金黃色為止
3	炸巴西里的時候要將水分徹底擦拭乾淨

▶▶

取 ⅓ 打發的蛋白加入麵糊中攪拌均勻，再加入剩下的蛋白輕輕攪拌，小心不要擠壓氣泡。留下氣泡是為了讓炸出來的口感更輕盈。

作法

〔製作貝奈特麵糊〕

（1）麵粉放入鋼盆中，加入沙拉油、蛋黃、鹽充分攪拌均勻。慢慢加入啤酒，讓碳酸抑制麵糊產生黏性。放入冰箱冷藏約 30 分鐘。

（2）另外一個鋼盆內放入蛋白，加一撮鹽後攪打至可以拉出一個尖角為止。

（3）將 ⅓ 打發的蛋白加入 1 的麵糊中攪拌均勻。放入剩下的蛋白，用橡皮刮刀輕輕拌勻，小心不要擠壓氣泡。

（4）將麵糊分成 3 等分，其中兩份分別加入咖哩粉和綜合香草，製作出 3 種不同的麵糊。

〔炸巴西里〕

（5）將巴西里洗淨後徹底將水分擦乾。去除莖部，放入 140℃ 的油鍋中。水分會變成氣泡蒸發，等到不再產生氣泡後就可以起鍋，趁熱撒上少許鹽調味。

〔炸牛舌魚〕

（6）將牛舌魚切成 5 塊後去皮（參照 167 頁），將魚肉斜切成 6 ～ 7cm 長條，撒上鹽和胡椒。

（7）牛舌魚沾滿貝奈特麵糊，再去除多餘的麵糊。

（8）將油鍋加熱至約 170℃，放入 7 的牛舌魚。

（9）等到麵糊隆起呈現金黃色，感覺變得輕盈之後便可以起鍋。油瀝乾後立刻盛盤。

〔盛盤〕

將燉番茄泥鋪在盤子上，上面盛上炸牛舌魚，再放上炸巴西里裝飾。

71

油炸醃製
西太公魚
Escabèche de WAKASAGI

將炸得酥脆的西太公魚用五彩繽紛的
蔬菜和白酒醃漬。
一入口便可嘗到溫和的酸味。

材料（4 人分）

西太公魚	小 24 尾
牛奶	100㎖
麵粉	適量

醃料

橄欖油	50㎖
大蒜（對切，去芽）	2 瓣
紅蔥頭（切碎）	25g
紅蘿蔔（切絲）	80g
櫛瓜 ＊1	1 根
紅椒（去皮後切絲）	1 顆
青椒（去皮後切絲）	1 顆
白酒醋	100㎖
白酒	150㎖
綠蘆筍 ＊2	8 根
番茄 ＊3	1 顆
砂糖	2 撮

◎鹽、胡椒、油炸用油

＊1　將櫛瓜的綠色部分切絲，留下部分當
　　作裝飾用，用鹽水燙熟。
＊2　削去綠蘆筍下方的皮後用鹽水煮熟，
　　軸切絲，穗對切，留作裝飾。
＊3　汆燙去皮（參照 171 頁），去籽切成
　　小丁。

烹調要點

1	西太公魚泡在牛奶裡去腥
2	將水分確實擦乾淨
3	沾滿麵粉後再拍去多餘的麵粉
4	將熱的醃料淋在剛炸好的西太公魚上
5	最好使用玻璃或琺瑯等可以抗酸的容器醃漬

▶▶

將魚泡在牛奶裡可以減緩獨特
的魚腥味，這裡的西太公魚最
好浸泡 30 分鐘左右。之後將水
分確實擦拭乾淨後灑上鹽和胡
椒，沾上麵粉。

作法

〔製作醃料〕

（1）鍋內放入橄欖油加熱，放入大蒜爆香。加入紅蔥頭炒軟，不要讓紅蔥頭上色（suer）。

（2）加入紅蘿蔔、櫛瓜、青椒、紅椒，同樣炒軟，不要上色。撒上鹽和胡椒，帶出甜味。

（3）加入白酒醋，稍微煮沸，減緩酸味，注入白酒再加熱，蒸發酒精成分。

（4）加入綠蘆筍和番茄加熱。撒上鹽和胡椒，為了減緩酸味再加入砂糖調味。由於蔬菜也有甜味，因此嚐了味道之後再調整砂糖用量。

〔炸西太公魚〕

（5）西太公魚泡在牛奶裡約 30 分鐘，減緩魚腥味。將水分擦拭乾淨後灑上鹽和胡椒。

（6）沾滿麵粉後放到篩網上，將多餘的麵粉抖掉。

（7）將西太公魚放入 170 ～ 180℃的油鍋當中。靜靜地攪拌油鍋，讓油維持一定的溫度。

（8）等到西太公魚上色、氣泡變小之後便可以起鍋。

〔醃漬〕

（9）將炸好的西太公魚瀝油後排放在容器內，趁熱淋上 4 的醃料。由於醃料具有酸味，因此最好使用玻璃或琺瑯製容器。

（10）充分冷卻後蓋上保鮮膜，放入冰箱冷藏一個晚上入味。

〔盛盤〕

將西太公魚和醃料盛入盤中，上面再放上鹽水煮熟的綠蘆筍穗和櫛瓜做裝飾。

73

炸馬鈴薯 3 吃

Pommes frites
Pommes soufflées
Pommes chips

炸薯條、炸泡泡球、炸薯片。
只要改變切法和炸法，
就可以做出無論是在口感或
是外型上都截然不同的三種炸馬鈴薯。

材料（4人分）
馬鈴薯（五月皇后品種）......適量
◎油炸用油、鹽

烹調要點

1	將馬鈴薯泡水	▶▶
2	將水分確實擦拭乾淨	▶▶
3	遵守開始油炸時的油溫	

馬鈴薯切好之後立刻泡水。如此一來可以洗去馬鈴薯表面容易燒焦的成分，讓炸出來的馬鈴薯上色更均勻。

如果殘留水分則油會四濺，有被燙傷的危險。另外，有水分就很難維持油的適溫，炸出來的顏色就不漂亮。因此一定要確實將水分擦乾。

作法

〔炸薯條〕

（1）將帶皮的馬鈴薯確實清洗乾淨，縱切成 6 等分。泡水後將水分充分擦拭乾淨。首先將油加熱至大約 150℃（從馬鈴薯會冒出小氣泡），放入馬鈴薯。調整火力維持油鍋的溫度，將馬鈴薯炸熟，不要上色。

（2）等到馬鈴薯變輕、浮上表面後就可以起鍋。

（3）接著將油鍋加熱至 180℃，放入馬鈴薯，將馬鈴薯炸至呈現褐色且酥脆。

（4）撈起馬鈴薯瀝油。趁熱均勻撒上鹽。

〔炸泡泡球〕

（1）如果馬鈴薯的切口有稜角則不容易膨起，因此盡量削去稜角。與纖維平行，切成大約 3mm 的薄片。稍微用水沖洗後確實擦乾水分。準備兩個鍋子，將馬鈴薯放入加熱至 120℃的油鍋，前後搖動鍋子，一邊保持油鍋的溫度，一邊炸馬鈴薯。

（2）等到馬鈴薯開始冒泡，表面稍微隆起後就可以起鍋。立刻放入 180℃的油鍋中，用網勺稍微按壓馬鈴薯。如此一來，水分會立刻氣化，馬鈴薯便會膨起。

（3）等到馬鈴薯充分膨起後便可以起鍋。

（4）最後將 3 放入 160～170℃的油鍋當中上色並讓口感更酥脆，趁熱撒鹽。

〔炸薯片〕

（1）削去馬鈴薯皮，切成 1mm 厚的薄片。泡水後再將水分擦拭乾淨。一片一片依序放入150℃的油鍋中，為了避免沾黏，要不斷地攪拌油鍋，慢慢提高油鍋的溫度。

（2）慢慢地讓馬鈴薯的水分蒸發，等到油溫達到 180℃、開始出現氣泡後，在快上色之前將薯片撈起。由於餘溫會讓薯片上色，因此注意不要炸過頭。瀝油後撒鹽。

炸薯條 1
2
2
3
3
4
炸薯片 1
炸泡泡球 1
2

section

6 | {grill}
griller

griller 一般而言指的是將肉、魚或蔬菜放在有溝槽、名為「grill」的平煎鍋上加熱的烹調法。就像日文稱作「網燒」一般，加熱的時候會在食材上留下格子或網狀的烙痕。本章所介紹的料理也是用平煎鍋煎雞、魚肉以及鮭魚等，在表面留下美麗的格子紋。

然而，「griller」的烹調法並不是因為美觀所以才在食材表面上烙上格子紋。用平煎鍋加熱食材的時候，平煎鍋的溝槽可以去除多餘的脂肪和水分，進而帶出食材原本的鮮味、甜味以及風味，這才是真正的目的。

這樣一來，除了可以嚐到直接接觸平煎鍋的烙痕部分的香氣外，接觸溝槽的部分也因為炙燒而變得軟嫩。

另外，食材特殊的氣味和羶腥味也會隨著脂肪和水分流失，更可以直接享受食材原有的風味。

如果想要煎出美麗的格子紋有兩個秘訣。其一在於將平煎鍋加熱至高溫，另一個秘訣則是將食材放置在平煎鍋上後，在留下烙痕之前不要移動食材。另外，由於平煎鍋的溫度非常高，因此很容易燒焦，且就算留下烙痕，中間也很有可能沒有熟透。因此，必須特別留意火力大小。

「sauter」同樣也是「煎」的烹調法（參照 4 頁）。然而，「sauter」會加入奶油等油脂為食材增添風味，但「griller」反而是讓食材的脂肪流到溝槽內，因此吃起來更為清爽，這可說是「griller」才能做出的美味。

Point 1 為了煎出美麗烙痕的平煎鍋準備

　　平煎鍋是一塊用鐵或鑄鐵製成的厚板，上面有溝槽。整體向前傾斜，可以接住從食材流出的脂肪。另外也有不傾斜，就像平底鍋一般的平煎鍋。

　　煎之前不可或缺的步驟就是不放任何東西乾燒平煎鍋，加熱至高溫。接下來用布沾油均勻地塗抹在平煎鍋上，等到冒微煙之後就可以開始煎食材。只要事前做好這樣的準備，食材就不容易黏在平煎鍋上。尤其魚皮容易脫

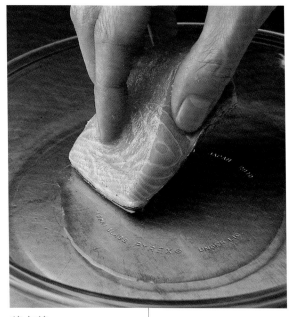

Point 2 為了煎出美味料理的食材準備

　　煎之前一定要在食材上抹上薄薄一層油。溝槽上方部分食材由於無法直接受熱，因此不容易熟。但只要事前抹上一層油，熱能傳導會讓油升溫，有助於均勻且有效率地煎熟食材。

　　另外，食材有一定的厚度會比較好操作。在煎的時候也塗上油預防乾燥，以較弱的火力慢煎比較不容易失敗。

　　若想將牛肉或小羊煎至 3 分或 5 分熟，首先要將肉放置室溫下回溫。如果肉太冰，則需要一段時間中心部位才能熟透，而在此同時其他部位卻會太熟，肉質變得乾澀。

煎之前
先在食材上抹油

為了去除腥味並讓食材入味，煎之前有時會用油或香草醃魚或肉約 30 分鐘。為了用鹽和胡椒調味，會先擦去醃漬的油，煎之前再均勻抹上油。油的力量可以讓食材在高溫下也能均勻受熱，是預防食材燒焦的重要準備工作。

平煎鍋加熱至高溫後
抹上油備用

使用抹上油的平煎鍋。平煎鍋塗上油之後加熱至冒出薄煙的高溫。如果用廚房紙巾抹油有可能會引起火災，因此最好使用布。煎完之後趁熱去除平煎鍋上的污垢，之後用水清洗，再開火將水分蒸發。

Point 3 為了煎出美麗烙痕，不要移動食材

　　煎的時候從盛盤時朝上的那一面開始煎，帶皮的魚肉和雞肉則是從皮那一面開始煎。食材放到平煎鍋上後為了避免烙痕模糊，在留下烙痕前都不要移動食材。等到留下烙痕後改變方向，留下格子狀的烙痕。同樣地，在翻面之前都不要移動食材。這時除了在為食材留下烙痕外，同時也在加熱食材。稍微調整火力，注意不要燒焦。

　　如果是帶皮的魚肉，從魚皮那一面開始，將魚肉煎至八～九分熟，翻面後只要用餘溫稍微煎一下即可。如果翻面後煎的時間過長，會讓魚肉變得乾澀。

鐵板煎雞腿和蔬菜

Cuisse de poulet grillée aux légumes d'été

煎得酥脆的雞皮包裹著軟嫩的雞肉。
佐上香草風味醋，盡情享受煎烤
所帶出的蔬菜甜味和鮮豔色澤。

材料（4人分）

雞腿肉（200g）	2塊
茄子	小1條
櫛瓜	小1條
杏鮑菇	2朵
南瓜	40g
蔥	½根
紅椒	1顆
綠蘆筍	4根
秋葵	4根
香草醋	
┌ 奧勒岡（切末）	3g
義大利巴西里（切末）	3g
羅勒葉（切末）	3g
薄荷（切末）	3g
檸檬汁	30㎖
└ 初榨橄欖油	100㎖
香草（同香草醋的香草）	各適量
◎鹽、胡椒、橄欖油、沙拉油	

烹調要點

1	平煎鍋塗油，加熱至冒出微煙
2	蔬菜和雞肉塗上油之後再煎
3	蔬菜趁熱醃漬
4	雞肉從皮開始煎
5	改變方向，煎出格子紋
6	等到雞肉四周開始變白就可以翻面 ▶▶
7	雞肉注意不要煎過頭

雞肉會從邊緣開始熟，等到四
周逐漸變白之後拿起雞肉檢查
背面。如果雞皮已經酥脆且留
下明顯烙痕，這時便是翻面的
時機。

作法

〔煎烤蔬菜後醃漬〕

（1）準備蔬菜。將茄子、櫛瓜、杏鮑菇、南瓜切成 6～7mm 的薄片。蔥斜切成 1cm 小段，紅椒去籽後切片，綠蘆筍下半段去皮。所有蔬菜撒上鹽和胡椒，再淋上適量橄欖油。

（2）製作香草醋。檸檬汁加入鹽和胡椒各少許，將鹽攪拌溶解。慢慢加入初榨橄欖油，用打蛋器攪拌，充分乳化。加入香草混和均勻。

（3）加熱平煎鍋，均勻塗上沙拉油，加熱至冒出微煙為止。

（4）放上蔬菜，用中火煎。等到蔬菜上留下烙痕後改變方向，留下格子紋。翻面，背面也煎熟。

（5）煎好之後趁熱放入 2 的香草醋中醃漬。

〔煎雞肉〕

（6）切除雞腿肉的多餘脂肪和雞皮，並切斷筋。調理盤撒上鹽和胡椒，放上雞肉，表面也撒上鹽和胡椒，再淋上適量的橄欖油。

（7）與 3 同樣，準備熱平煎鍋，從雞皮那一面開始煎。

（8）等到雞皮呈現金黃色後，改變雞肉的方向。

（9）雞肉從邊緣開始熟，等到四周變白之後，確認雞皮確實留下烙痕後翻面。

（10）照片是酥脆雞皮的狀態。煎雞肉那一面，確實將雞肉煎熟。用手指按壓，如果可以感受到彈力就可以起鍋了。小心注意不要煎過頭，不然雞肉會變得乾澀。

〔盛盤〕

將醃漬過的蔬菜鋪在盤子上，上面放上切好的雞肉。淋上香草醋，撒上香草。

煎烤可以去除帶骨小羊多餘的脂肪，
帶出小羊原本的香氣和鮮味。
搭配龍蒿風味的濃郁醬汁一起享用。

龍蒿風味
煎烤
帶骨小羊

Côtelette d'agneau grillée à l'estragon

材料（4人分）
小羊背肉（carre。1.2kg）⋯⋯⋯⋯1塊
龍蒿⋯⋯⋯⋯⋯⋯⋯⋯⋯⋯⋯⋯⋯適量
橄欖油（醃漬用）⋯⋯⋯⋯⋯⋯⋯⋯適量
醬汁
┌ 紅蔥頭（切碎）⋯⋯⋯⋯⋯⋯⋯30g
│ 黑胡椒粒（搗碎）⋯⋯⋯⋯⋯⋯2g
│ 白酒醋⋯⋯⋯⋯⋯⋯⋯⋯⋯⋯100ml
│ 龍蒿⋯⋯⋯⋯⋯⋯⋯⋯⋯⋯⋯1枝
│ 小羊高湯醬汁 ＊1⋯⋯⋯⋯⋯400ml
└ 奶油（提味用）⋯⋯⋯⋯⋯⋯⋯20g
燉蔬菜
┌ 紅、黃、青椒（切成小丁）⋯⋯各50g
│ 櫛瓜（切成小丁）⋯⋯⋯⋯⋯100g
│ 茄子（切成小丁）⋯⋯⋯⋯⋯100g
│ 紅蔥頭（切碎）⋯⋯⋯⋯⋯⋯20g
│ 大蒜（切碎）⋯⋯⋯⋯⋯⋯⋯3g
│ 番茄 ＊2⋯⋯⋯⋯⋯⋯⋯⋯⋯200g
│ 番茄泥⋯⋯⋯⋯⋯⋯⋯⋯⋯⋯10g
└ 百里香⋯⋯⋯⋯⋯⋯⋯⋯⋯⋯2枝
馬鈴薯（200g）⋯⋯⋯⋯⋯⋯⋯⋯1顆
蝦夷蔥⋯⋯⋯⋯⋯⋯⋯⋯⋯⋯⋯適量
◎鹽、胡椒、橄欖油、沙拉油
＊1 參照154頁。
＊2 汆燙去皮（參照171頁），去籽切成小丁。

烹調要點

1	將小羊放置室溫下回溫
2	肉必須要有一定的厚度
3	擦去醃醬後再撒上鹽和胡椒
4	肉塗上橄欖油
5	將平煎鍋加熱至高溫
6	用手指按壓，如果感覺彈力且 浮出肉汁就可以起鍋了
7	靜置與烹調等長的時間

▶▶

一開始醃漬小羊是為了增添油
和香草的香氣，醃漬完成後先
擦拭乾淨。撒上鹽和胡椒之後
再抹上橄欖油，讓肉的熟度更
均勻。

▶▶

肉煎好之後，為了讓肉汁穩定，
將肉放在溫暖的地方靜置與烹
調等長的時間。這段時間肉汁
會慢慢回流，同時餘溫也會繼
續加熱肉的中心部位，讓肉呈
現粉紅色。

作法

〔準備小羊背肉〕

（1）小羊準備好之後露出肋骨（參照163頁），切成4塊各帶2根肋骨的肉塊。

（2）每塊各留下一根肋骨，去除另一根肋骨，增加一塊羊肉的厚度。

（3）調理盤鋪上龍蒿，放上羊肉，上面再撒上龍蒿。淋上橄欖油，醃漬30分鐘以上。

〔煎肉〕

（4）輕輕擦去醃好羊肉上的油，撒上鹽和胡椒。再度在表面抹上薄薄一層橄欖油。平煎鍋塗上薄薄一層沙拉油，加熱至冒出微煙。將羊肉盛盤時朝上的那一面朝下，肋骨朝向同一個方向放置。煎的時候輕壓羊肉讓烙痕更明顯。等到留下烙痕後改變方向繼續煎。

（5）確定烙痕已呈現格子狀後翻面，注意不要燒焦，調整火力繼續加熱。

（6）側面的脂肪部分也要記得煎。

（7）用手指按壓，如果感覺彈力且浮出肉汁，則可以起鍋（這是為了讓肉呈現粉紅色的起鍋時機）。在溫暖的地方靜置與烹調等長的時間，讓肉呈現粉紅色。

〔製作醬汁〕

（8）將紅蔥頭、黑胡椒、白酒醋、白酒和龍蒿莖放入鍋中，用小火熬煮至液體收乾為止，小心不要燒焦。

（9）加入小羊高湯醬汁，溶解附著在鍋底的精華（déglacer）。

（10）熬煮至剩下一半的量。

（11）用極細圓錐形濾網過濾。

（12）加入奶油增添風味並調整濃度（monter），加入切碎的龍蒿葉。用鹽和胡椒調味。

〔製作燉蔬菜〕

（13）鍋內放入適量橄欖油加熱，放入紅蔥頭和大蒜炒軟，注意不要上色（suer）。

（14）加入番茄、番茄泥、百里香稍加熬煮。

（15）青椒、櫛瓜、茄子各用橄欖油清炒，瀝乾多餘的油脂。加入 14 中繼續熬煮。等到蔬菜變軟之後，用鹽和胡椒調味。

〔製作炸馬鈴薯薄片（pommes gaufrettes）〕

（16）用切片器（mandoline）將馬鈴薯切成網狀薄片。

（17）泡水後洗去澱粉質，再將水分確實擦拭乾淨。放入約 150℃的油鍋中慢慢提高溫度，將馬鈴薯薄片炸成金黃色（參照 75 頁的炸薯片），趁熱撒鹽。

〔盛盤〕

將燉蔬菜整成橢圓形後放在盤子上，撒上蝦夷蔥裝飾。放上炸馬鈴薯薄片，視位置放上小羊，淋上 12 的醬汁。

切片器 ［ mandoline ］

這是切蔬菜的用具，可以將蔬菜切成薄片、細絲或是網狀薄片。只要改變刀刃的幅度，就可以切出不同厚度的蔬菜。換上附屬的波浪刀片則可以變化出不同的切法。

煎烤鮭魚
佐醃漬新鮮番茄

Pavé de saumon grillé sauce vierge

可以同時享受肥美鮭魚蓬鬆的
魚肉和香脆的魚皮。
醃漬番茄的酸味帶出了
煎烤料理特有的美味。

材料（4 人分）

鮭魚＊1（70g 帶皮魚塊）⋯⋯⋯⋯⋯ 4 塊
百里香⋯⋯⋯⋯⋯⋯⋯⋯⋯⋯⋯⋯⋯⋯ 適量
橄欖油（醃漬用）⋯⋯⋯⋯⋯⋯⋯⋯⋯ 適量
醃漬番茄
　┌　雪莉醋⋯⋯⋯⋯⋯⋯⋯⋯⋯⋯⋯25㎖
　│　初榨橄欖油⋯⋯⋯⋯⋯⋯⋯⋯⋯75㎖
　│　大蒜（去皮，輕輕拍碎）⋯⋯⋯½ 瓣
　│　全熟番茄＊2⋯⋯⋯⋯⋯⋯⋯⋯200g
　└　羅勒葉（切成細絲）⋯⋯⋯⋯⋯⋯3g
豌豆⋯⋯⋯⋯⋯⋯⋯⋯⋯⋯⋯⋯⋯⋯⋯ 4 根
◎鹽、胡椒、橄欖油、沙拉油
＊1　煎烤適合使用肥美的挪威鮭魚。
＊2　汆燙去皮（參照 171 頁），去籽切成
　　　小丁。

烹調要點

1	醃鮭魚
2	擦去油之後撒上胡椒和鹽，再度抹上油
3	平煎鍋塗油，加熱至冒出微煙為止
4	從魚皮那一面開始煎
5	煎出烙痕後改變方向
6	等到一半厚度的魚肉都已經煎熟且開始變白後翻面
7	魚肉稍微煎一下後立刻盛盤

▶▶

起鍋的時機在於從側面看魚肉
已經煎熟變白，而魚肉最厚的
中心部位尚且半生不熟。盛盤
準備上菜的這段時間正好可以
讓中心部位的熟度達到最佳狀
態。

作法

〔醃鮭魚〕

（1）鮭魚塊撒上撕碎的百里香，淋上橄欖油，放入冰箱冷藏醃漬 30 分鐘以上。

〔製作醃漬番茄〕

（2）趁醃鮭魚的空檔製作醃漬番茄。鋼盆內放入雪莉醋，加入鹽和胡椒，攪拌讓鹽溶解。慢慢加入初榨橄欖油，用打蛋器確實攪拌。加入大蒜、番茄、羅勒葉拌勻，稍微冷藏讓番茄更入味。大蒜的香味出來之後便可以取出。

〔煎烤鮭魚〕

（3）輕輕擦去 1 醃好鮭魚上的油，撒上鹽和胡椒。再度在表面抹上薄薄一層橄欖油。

（4）平煎鍋塗上薄薄一層沙拉油，加熱至冒出微煙。鮭魚皮朝下放置。等到確實煎出烙痕後改變鮭魚的方向。

（5）鮭魚受熱後會從下開始慢慢變白。等到鮭魚一半都變白了之後就可以翻面。

（6）鮭魚肉稍微煎一下即可。

（7）從切面觀察，中央部分還半生不熟時就可以關火，立刻盛盤。像挪威鮭魚這種肥美的鮭魚很快就熟了，小心不要煎過頭。

〔盛盤〕

將 2 的醃漬番茄鋪在盤子上，盛上鮭魚，旁邊再佐上用鹽水煮熟的碗豆。

煎烤扇貝佐
核桃油風味沙拉

Saint-Jacques grillées aux légumes croquants, à l'huile de noix

稍微煎過的扇貝搭配爽口的蔬菜、
清新的香草以及炸馬鈴薯。
這是一道可以享受多重口感的沙拉。

材料（4人分）

扇貝瑤柱	12 顆
紅蘿蔔（切成細絲）	60g
白蘿蔔（切成細絲）	60g
甜菜根（生的切成細絲）	60g
豌豆莢	20g
蘑菇（蕈傘部分切成細絲）	2 朵
細葉香芹	1 枝
龍蒿	1 枝
蝦夷蔥	4 根
綜合生菜葉（洗淨後瀝乾水分）	40g
馬鈴薯（200g）	1 顆

核桃風味醋

核桃油	40㎖
沙拉油	50㎖
白酒醋	30㎖

◎鹽、胡椒、橄欖油、沙拉油、油炸用油

烹調要點

1	平煎鍋充分加熱備用
2	開始煎之後就不要移動扇貝
3	不要過度加熱
4	蔬菜泡冷水後口感會更爽脆
5	上菜前再拌沙拉

▶▶

當表面留下烙痕且一半開始變白，這就是翻面的最佳時機。瑤柱很容易熟且容易變硬，因此特別注意不要過度加熱。考慮到餘溫，趁中心部位尚且半生不熟的時候就可以起鍋。

作法

〔煎瑤柱〕

（1）將扇貝的瑤柱部分用冷水洗淨，去除薄膜和白色堅硬的部分，將水分擦乾。盤子撒上鹽和胡椒，放上扇貝，上面再撒上鹽和胡椒。扇貝抹上少許橄欖油預防在煎的過程中乾燥，同時也是為了預防扇貝黏在平煎鍋上。

（2）平煎鍋塗上薄薄一層沙拉油，充分加熱至冒出微煙為止，放入扇貝開始煎。

（3）等到確認側面下方開始變白且表面留下烙痕，改變方向繼續煎。

（4）等到側面下半部都開始變白且表面留下烙痕，則可以翻面。

（5）在側面中央部位尚且半生不熟的時候就可以起鍋。注意不要加熱過頭。

〔製作配菜〕

（6）紅蘿蔔、白蘿蔔、甜菜根泡冰水約 45 分鐘讓口感更爽脆，將水分擦拭乾淨。豌豆莢去除纖維後用鹽水煮熟，泡水冷卻，斜切成絲。馬鈴薯切成細絲，泡水後再將水分擦乾。放入 150℃的油鍋中慢慢提高溫度油炸（參照 75 頁炸薯片），撒上鹽。

〔製作胡桃風味醋〕

（7）白酒醋加鹽和胡椒，慢慢加入胡桃油、沙拉油，用打蛋器充分攪拌乳化。

〔盛盤〕

綜合生菜葉淋上風味醋拌勻，盛在盤子上。放上煎烤過的扇貝，上面再放上用風味醋拌勻的蔬菜細絲和香草。最上面再放上炸馬鈴薯，周圍淋上胡桃風味醋。

【poach】

7 | pocher

pocher 指的是將食材放在水或高湯等液體當中溫和加熱的烹調法，接近日文所說的水煮或是燉煮的意思。

使用的液體各式各樣，包括水、鹽水、高湯、海鮮湯、葡萄酒以及牛奶等。

「pocher」是適合肉、海鮮、蔬菜等，幾乎所有食材的烹調法，就算是肥肝、蛋、貝類等對於溫度很敏感的食材，只要掌握適當的溫度和加熱時間，便可以帶出超出食材本身原味的美味。

另外，「pocher」使用的液體在溫度上可以變化的範圍也很廣，大致可以分成在液體還是冷（常溫）的時候就將食材放入慢慢加溫的方式，以及先將液體加熱至快沸騰後再將食材放入的兩種方式。

前者在沸騰之前雖然食材的鮮味有一部分就會流入液體當中，但藉由使用有一定味道和香氣的液體，便可以彌補這一個缺點。而含有食材鮮味的液體則多半被製成湯品或是醬汁。另外，這種方式的目的除了在加熱食材之外，在為食材去除雜質或多於鹽分方面也可以發揮很好的效果。

相反地，後者由於是將食材放入高溫的液體當中，因此放入後，食材的表面會立刻變硬，將鮮味鎖在食材裡面。像蛋這種柔軟的食材，藉由讓表面的蛋白變硬進而可以維持形狀，並以間接加熱的方式讓蛋黃呈現最佳狀態。

無論是哪一種方式都不要讓液體沸騰，維持比沸點低一點的溫度，溫和地加熱食材。這種「溫和」也反映在料理的美味上。

維持沸騰前的
溫度

鍋底出現有規則的氣泡，液體
表面開始靜靜地躍動，這便是
沸騰前的狀態。絕對不要讓液
體沸騰，如果液體沸騰，則湯
汁會變得混濁，做不出「pocher」
應有的清爽美味。溫和地加熱
肉和魚，保持軟嫩多汁的口感。

撈取浮渣，
不蓋鍋蓋

為了不讓肉或魚的腥臭味悶在
料理當中，所有「pocher」的烹
調法幾乎都不蓋鍋蓋。另外，
由於雜質和脂肪會浮在液體表
面，因此必須仔細撈取浮渣，
這是創造清爽美味不可或缺的
重要工作。

放入冷液體中加熱的
「pocher」

Point
1　不要讓液體沸騰

　　這種方式的「pocher」在將食材放入冷（常
溫）液體後立刻開大火，盡快將溫度提升至接
近沸點。在快要沸騰的時候轉小火，千萬不要讓
液體沸騰，維持這樣的溫度加熱食材。

Point
2　加熱時仔細撈取浮渣

　　由於在沸騰之前食材部分的鮮味就會流
到液體當中，因此多半會用這個液體製作湯品
或醬汁。為此，加熱的時候要仔細撈取浮渣。
另外，考慮到之後也許會熬煮，調味料下手不
要過重。

放入快沸騰液體中加熱的
「pocher」

Point
1　針對食材的加熱時間和
　　起鍋的時機

　　由於這種方式會讓食材的表面迅速變熟，
可以鎖住海鮮和肉類的部分鮮味。另外，這種
方式還可以減輕甲殼類等食材特有的腥臭味，
創造出有彈性的特殊口感。

　　然而，由於海鮮類和甲殼類很容易就熟
了，必須短時間內起鍋。另外，魚塊等魚肉容
易脫落的食材，必須用比快沸騰時更低的溫度
加熱。無論如何，將食材撈起的時機最為重要，
如果錯過了，則食材有可能變硬或變得乾澀，
失去了應有的美味。

雞胸肉包鵝肝

Roulade de suprême de poulet au foie gras

雞胸肉包上鵝肝、蕈菇、菠菜後水煮。
濃縮雞肉精華的滑順醬汁包覆著這融為一體的口感。

材料（4 人分）

雞胸肉（200g）	2 塊
鵝肝	120g
干邑白蘭地、波特酒	各適量

奶油炒菠菜 ＊1

菠菜	1 把
奶油	10g

蘑菇餡

蘑菇	100g
鴻禧菇	100g
紅蔥頭（切碎）	10g
奶油	20g

特級白醬（sauce supréme）

濃郁雞高湯 ＊2	400㎖
雞高湯	1 ℓ
雞骨架	1 隻
洋蔥	¼ 顆
紅蘿蔔	¼ 根
芹菜	¼ 根
韭蔥（白色部分）	50g
大蒜	1 瓣
香草束	1 束
奶油麵糊 ＊3	適量
鮮奶油	100㎖
奶油（提味用）	10g
檸檬汁	少許

紅蘿蔔泥

紅蘿蔔（切成薄片）	300g
奶油	40g
水	少許
鮮奶油	50㎖

炸芹菜葉	適量

◎鹽、胡椒

＊1　水煮菠菜，趁還有一點硬度的時候
　　撈起泡冷水，切成容易入口的大小。
　　鍋子放入奶油加熱，等到奶油稍微上
　　色後放入菠菜拌炒。

＊2　濃郁的雞高湯是用雞高湯代替水，依
　　照熬雞高湯的步驟熬煮大約 1 小時
　　後過濾完成（熬煮後約 400㎖）。

＊3　參照 157 頁。

烹調要點

1	鵝肝醃漬一晚
2	蘑菇餡的蘑菇不要打成泥，留下一點口感
3	將雞胸肉拍打延展成同樣的厚度
4	將鵝肝當芯確實包緊
5	放入沸騰前的熱水煮約 20 分鐘
6	製作滑順濃郁的奶油醬

確實捲緊，不要讓空氣跑進去。扭轉保鮮膜的兩端，像照片所示綁緊。

作法

〔醃漬鵝肝〕

（1）將鵝肝切成厚 1.5cm 左右的條狀，撒上鹽和胡椒，再用干邑白蘭地和波特酒浸泡一個晚上，讓鵝肝入味。酒的量剛好蓋過鵝肝即可。

〔製作蘑菇餡〕

（2）將蘑菇切成適當大小，鴻禧菇分成小朵。鍋內放入奶油加熱，放入蘑菇和鴻禧菇拌炒，不要上色，撒上鹽和胡椒。加入紅蔥頭繼續拌炒。

（3）放入食物調理機中攪打。不要打成泥，打成照片所示的粗粒即可。

〔製作雞肉捲〕

（4）去除雞胸肉的皮和筋，厚度對切。在砧板上鋪兩張保鮮膜，將兩片雞胸肉疊在一起，盡量讓厚薄一致。上面再蓋上一張保鮮膜，用肉捶拍打延展。

（5）等到延展至厚薄一致的 2 倍大（約 20cm×15cm）後，取下上層的保鮮膜，撒上鹽和胡椒。將蘑菇餡、奶油炒菠菜、鵝肝放在雞胸肉上。

（6）連同底部兩張保鮮膜一起，一邊排擠空氣，一邊將雞胸肉捲成圓筒狀。

（7）轉緊兩端保鮮膜後綁緊。

（8）用快沸騰的熱水（約80℃），大約煮20分鐘。等到鍋底開始冒出小氣泡後，放入捲好的雞胸肉靜靜地加熱，注意火的大小，不要讓水沸騰。

〔製作奶油醬〕

（9）將奶油麵糊加入加熱後的濃郁雞高湯中，用打蛋器攪拌均勻。

（10）用小火靜靜地加熱至沸騰，直到醬汁變得濃稠滑順為止。不時攪動鍋底，小心不要燒焦。

（11）取湯匙背面沾一點醬汁，用手劃過後若會留下明顯痕跡，則是適當的濃稠度。

（12）加入鮮奶油，稍微熬煮融合，用極細圓錐形濾網過濾。撒上鹽和胡椒後加入奶油增添風味（monter），再加入檸檬汁。

〔製作紅蘿蔔泥〕

（13）鍋內放入奶油30g加熱，將紅蘿蔔炒軟（suer）。慢慢加水後蓋上鍋蓋蒸煮。紅蘿蔔慢慢地就會變得軟爛、有光澤且甜味也被帶出。

（14）用食物調理機將紅蘿蔔打成泥。

（15）將紅蘿蔔泥倒回鍋內，加入奶油10g，再撒上鹽和奶油。加入鮮奶油調整濃稠度，用木鏟攪拌時仍可看到些許紅蘿蔔形狀的濃稠度最佳。

〔盛盤〕

拆開雞肉捲上的保鮮膜，切成1.5cm厚圓片。盤子盛上紅蘿蔔泥和雞肉捲，淋上奶油醬，最後再放上炸芹菜葉裝飾。

半熟蛋雞肝沙拉

Salade au foie de volaille et son œuf poché

用沸騰前的熱水所煮出的半熟蛋，
軟嫩的蛋白包裹著濃稠流動的蛋黃，
搭配上雞肝和炒培根，
是一道美味的溫沙拉。

材料（4人分）

蛋 ＊1（新鮮的蛋）⋯⋯⋯⋯⋯⋯⋯	4 顆
培根（塊狀培根切成條狀）⋯⋯⋯	120g
雞肝 ⋯⋯⋯⋯⋯⋯⋯⋯⋯⋯⋯⋯	120g
奶油 ⋯⋯⋯⋯⋯⋯⋯⋯⋯⋯⋯⋯	20g
紅酒醋 ⋯⋯⋯⋯⋯⋯⋯⋯⋯⋯⋯	20㎖
法國長棍麵包（切成 1cm 薄片）⋯	4 片
卡門貝爾乳酪 ⋯⋯⋯⋯⋯⋯⋯⋯	½塊
萵苣、紅萵苣、生菜等 ＊2 ⋯⋯	各適量
黃芥末風味醋 ＊3	

紅酒醋 ⋯⋯⋯⋯⋯⋯⋯		30㎖
黃芥末醬 ⋯⋯⋯⋯⋯⋯		30g
沙拉油 ⋯⋯⋯⋯⋯⋯⋯		90㎖

巴西里（切末）⋯⋯⋯⋯⋯⋯⋯⋯	適量
蝦夷蔥（切碎）⋯⋯⋯⋯⋯⋯⋯⋯	適量

◎橄欖油、沙拉油、鹽、胡椒、醋

＊1 選擇較多濃厚蛋白的蛋。所謂的濃厚
　　蛋白指的是黏稠的蛋白，愈新鮮的蛋
　　濃厚蛋白愈多。隨著蛋的鮮度降低，
　　濃厚蛋白慢慢就會變化成稀蛋白。

＊2 生菜類手撕成一口大小後用水洗淨，
　　水分瀝乾後冷藏備用。

＊3 參照 156 頁的油醋醬製作方式，盛
　　盤前再與生菜類拌勻。

＊4 如果熱水的量過少，則蛋容易黏在
　　鍋底，因此鍋子的深度要在 10cm 以
　　上，但也不要過深。

烹調要點

1	將蛋打在容器裡確認鮮度，使用新鮮的蛋
2	蛋加鹽和醋水煮
3	當水靜靜開始滾動的時候放入蛋
4	約 3 分鐘後撈起，浸泡冷水
5	用奶油將雞肝炒至中心部位呈現粉紅色
6	盛盤前將蛋回溫
7	規劃好烹調步驟，不要讓食材冷掉

▶▶

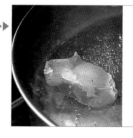

當鍋底不斷地冒出小氣泡、表
面靜靜地開始滾動時放入蛋。
蛋白自然而然地會將蛋黃包裹
起來，如果蛋白散開，則可以
用叉子或木鏟將蛋白集中。另
外，注意不要讓蛋白碰觸到鍋
壁。

作法

〔準備配菜〕

（1）用小烤箱等將法國長棍麵包稍微加熱，放上切成4等分的卡門貝爾乳酪。淋上少許的橄欖油增添香氣，再度放入烤箱內烤至乳酪稍微融化為止。

〔製作半熟蛋〕

（2）鍋內放入水、醋（每1ℓ的水加入50㎖醋），以及1撮鹽，加熱至接近沸騰。等到鍋底冒出小氣泡、表面開始靜靜滾動時，從靠近水面的位置放入蛋（＊4）。

（3）如果蛋白散開，則可以用叉子等將蛋白向蛋黃方向集中。如果蛋不新鮮，則蛋白很難集中。

（4）加熱約3分鐘，等到蛋黃半熟之後，用有孔洞的湯勺舀起放入冰水內。

（5）去除多餘的蛋白，將蛋修剪成圓形。用毛巾將蛋上面的水分擦乾。如此煮出來的蛋白軟嫩，蛋黃半熟。

〔炒雞肝〕

（6）由於雞肝靠近膽囊的綠色部位很苦，因此切除後再將雞肝切成容易入口的大小。

（7）平底鍋加入適量的沙拉油加熱，放入培根拌炒後取出。

（8）加入奶油，等到氣泡變小且開始上色後，放入撒上鹽和胡椒的雞肝拌炒。

（9）用手按壓雞肝，如果感覺到彈力，加入紅酒醋，讓雞肝沾滿醬汁。

〔盛盤〕

（10）將5放入接近沸騰的熱水加熱約1分鐘，再用廚房紙巾等將水分擦乾。將生菜類放入盤中，均勻地放上培根、雞肝、半熟蛋以及長棍麵包。最後再撒上巴西里和蝦夷蔥。

菜肉鍋
Pot-au-feu

從冷水開始慢慢加熱，
煮出來的牛肉和雞肉軟嫩多汁。
加上蔬菜的甜味，
口味溫和的湯頭
正是這道菜肉鍋的醍醐味。

材料（4人分）

牛五花肉（塊）	600g
醃肉用	
粗鹽	50g
白胡椒粒（搗碎）	3g
百里香	2枝
月桂葉	½片
雞腿肉（帶骨350g）	2隻
洋蔥	1顆
紅蘿蔔	1根
蕪菁（250g）	1顆
馬鈴薯	2顆（450g）
韭蔥（白色部分）	1根
水	2ℓ
百里香	1枝
月桂葉	1片

烹調要點

1	牛五花撒上鹽和胡椒後靜置一晚入味
2	轉小火，一邊撈取浮渣，一邊加熱，不蓋鍋蓋
3	加熱的時候不要煮滾
4	等到肉差不多熟了之後， 再從不容易熟的蔬菜開始依序放入
5	為了讓肉和湯一樣美味，不要長時間加熱

如果雞肉比牛肉快熟，則可以將雞肉取出用保鮮膜包好，最後再放回鍋中。如果加熱過頭則會讓肉類變得乾澀且蔬菜容易化開，因此仔細判斷熟度後再放入食材。

作法

〔準備材料〕

（1）在牛五花兩面撒上粗鹽、白胡椒。放上百里香和月桂葉，包上保鮮膜放入冰箱冷藏一晚。照片是放置一晚後的牛肉。鹽會讓肉質收縮，將鮮味濃縮，並帶出肉的彈性。為了不要讓煮出來的湯過鹹，根據肉的大小調整鹽的量和放置的時間。

（2）輕輕沖掉表面上的鹽和胡椒，再將水分擦乾。

（3）將牛肉切成 4 塊，各自用細繩綁成十字形，這樣一來煮的時候牛肉就不會變形，看起來更美觀。

（4）去除雞腿肉多餘的脂肪和雞皮，從關節部分將雞腿一分為二。沿著雞肉上的脂肪下刀比較容易切。

（5）洋蔥縱向對半切，紅蘿蔔、蕪菁、馬鈴薯各切成 4 塊。由於韭蔥容易散開，因此用細繩綁起來。

〔燉煮〕

（6）鍋內放入 2 ℓ 的水，加入牛肉和雞肉，開大火加熱。

（7）等到接近沸騰的時候轉小火，仔細撈取浮出來的雜質和脂肪。

（8）加入百里香、月桂葉，調整火力，保持液體稍微滾動的沸騰狀態，約熬煮 1 小時。注意不要開大火滾，不時撈取浮渣。為了不讓腥羶味悶在湯裡，煮的時候不要蓋上鍋蓋。

（9）等到肉變得比較軟之後，加入洋蔥、紅蘿蔔、韭蔥，約熬煮 30 分鐘。等到蔬菜差不多熟了之後再放入蕪菁和馬鈴薯，繼續熬煮大約 15 分鐘。

（10）用竹籤刺肉，如果肉已經變得軟嫩很容易穿過，再確認蔬菜也煮熟了之後就可以關火。

〔盛盤〕

將肉和蔬菜盛在比較深的器皿中，注入湯汁，根據喜好佐上黃芥末醬和結晶鹽。

95

扇貝海鮮湯

Coquille Saint-Jacques à la nage

這是一道用費時帶出蔬菜甜味的
高湯所製作而成的扇貝海鮮湯。
香味蔬菜、雞油菇、貝類、
葡萄酒、辛香料……，
將富含各種風味的醬汁打成泡沫，
吃起來口感更輕盈。

材料（4 人分）

扇貝的瑤柱	12 顆
紅蘿蔔	40g
小洋蔥	5 顆（60g）
綠蘆筍	4 根
雞油菇	60g
蔬菜高湯	
┌ 洋蔥（切成薄片）	100g
紅蘿蔔（切成薄片）	60g
芹菜（切成薄片）	30g
白酒	200㎖
白胡椒粒	1g
香草束	1 束
檸檬（切成圓片）	2 片
└ 水	1 ℓ
鮮奶油	10㎖
奶油（提味用）	100g
細葉香芹	適量

◎鹽、奶油、胡椒。

烹調要點

1	靜靜熬煮，避免高湯變得混濁	
2	扇貝稍微加熱一下即可，避免過度加熱	
3	用充滿扇貝風味的湯汁製作醬汁	▶▶
4	用來煮雞油菇的湯汁由於充滿了雞油菇的風味，因此可以用來製作醬汁	▶▶

蔬菜高湯在煮過扇貝之後除了
原本蔬菜的鮮甜之外，更增添
了扇貝的風味。熬煮之後再加
入煮雞油菇的湯汁，製作成風
味十足的醬汁。

作法

〔製作蔬菜高湯〕

（1）將蔬菜高湯的所有材料放入鍋中，開火。沸騰之後轉小火，一邊撈取浮渣，一邊熬煮約1小時（約可熬出500mℓ的高湯）。如果蔬菜化開則熬出來的高湯就會變得混濁，因此要靜靜地慢慢熬煮。

（2）用極細圓錐形濾網過濾冷卻。

〔準備蔬菜〕

（3）紅蘿蔔用小刀雕出花紋後切成2mm的薄片。小洋蔥也切成同樣厚度的薄片。削去綠蘆筍下半部的皮。所有蔬菜分別用鹽水煮熟後再放到冷水中冷卻。將水分瀝乾，綠蘆筍切成4～5cm小段。

（4）鍋內放入雞油菇，加入適量的奶油、鹽、胡椒，再加入蓋過雞油菇一半的水，蓋上紙鍋蓋後開火，沸騰後轉小火，煮2～3分鐘。

〔煮扇貝〕

（5）2的蔬菜高湯撒上少許的鹽和胡椒後開火加熱至沸騰。放入扇貝後轉小火，慢慢加熱。

（6）在扇貝中心部分還處於半生不熟的狀態時將扇貝取出。

〔製作醬汁〕

（7）將6的湯汁熬煮至剩下大約150mℓ（約剩下⅓的量），加入適量煮油雞菇的湯汁。

（8）再度沸騰後加入鮮奶油。

（9）慢慢加入切成小丁後放進冰箱冷藏的奶油增添風味並調整濃度（monter），撒上鹽和胡椒。

〔盛盤〕

將扇貝、3的蔬菜以及4的雞油菇放入醬汁中稍微加溫後盛入器皿。為了讓9的醬汁吃起來更輕盈，用手動攪拌器將醬汁打成泡沫（照片10）後淋上，最後放上細葉香芹裝飾。

【steam-braised】

8 | pocher
à court-mouillement

pocher à court-mouillement 指的是用少量的液體蒸煮的烹調法。這種烹調法既包含了第 7 章「pocher」（參照 87 頁）當中「在液體當中溫和加熱」的元素，同時也具有第 10 章「braiser」（參照 108 頁）當中「蓋上鍋蓋，一邊蒸一邊煮」的元素。

作法一般而言是將魚塊放入葡萄酒或魚高湯當中，與辛香料一起，首先開火直接加熱至沸騰。之後蓋上紙鍋蓋再放入烤箱加熱。由於紙鍋蓋的作用，在烤箱中可以維持食材之下是液體，之上是水蒸氣的狀態，溫和地加熱，讓烹調出的料理有一種飽滿溫和的口感。

這種烹調法主要是用來烹調魚類料理，由於使用少量液體在短時間內加熱，因此不適合需要長時間加熱才會熟的大塊食材。魚類多半是切塊之後再烹調，如果是小條的魚，也可以整條加熱。

另外，由於是短時間加熱的烹調法，因此最困難的就是熟度的掌握。用手指摸摸看，在感覺到彈力的時候從烤箱內取出，這樣在醬汁完成的時候，魚肉的熟度也就恰到好處。

醬汁使用的是吸收了魚和辛香料精華的葡萄酒或魚高湯。例如，加了蘑菇的煮魚湯汁不過濾就是家庭式「bonne femme」醬汁，加了番茄則成了「duglere」醬汁，有許多不同的變化。當然，最後不與食材結合而是直接淋在上面也可以。無論如何，用融合食材濃縮精華少量的液體所製成的醬汁與食材合而為一，這是這種烹調法才能呈現的美妙滋味。

蓋上紙鍋蓋加熱

由於使用少量的液體加熱,為了讓熱能均勻傳導,所以蓋上紙鍋蓋。因為紙鍋蓋很輕,因此不會壓迫到魚肉,尤其是魚塊,能夠在微微沸騰的情況下溫和加熱。紙鍋蓋也可以預防食材乾燥,並不會讓水蒸氣跑掉,為了不讓紙鍋蓋黏在食材上,事前要在紙鍋蓋內面塗上奶油。

**醬汁的濃度
不稠不稀**

醬汁使用的是融合魚和辛香料精華的湯汁熬煮而成,但如果濃度過稠或過稀則會有損美味。淋上醬汁的時候醬汁可以覆蓋魚肉,而且會流向四周,這樣的濃稠度最為理想。

Point 1　用少量的液體溫和加熱

這種烹調法法使用的是具有鮮味的少量液體加熱。使用的液體大約是到達食材一半～2/3的高度,讓魚類等食材剛好可以露出頭來。之後再在上面蓋上紙鍋蓋,如此一來就不是水煮,而是用水蒸氣以蒸煮的溫和方式加熱,烹調出的魚肉不緊實,非常蓬鬆。

Point 2　以小火煮滾,但是切勿煮至沸騰

如果在魚高湯或葡萄酒還是冷的狀態之下就放入烤箱,則需要一段時間才會沸騰,這樣就會讓魚煮過頭。因此,首先開火加熱食材和液體。由於魚肉非常容易散開,因此絕對不可以讓液體沸騰,慢慢地將溫度提升到接近沸點。放入烤箱之後也不要讓液體沸騰,保持表面靜靜地冒出氣泡的狀態。

Point 3　注意烤箱溫度

這種烹調法會蓋上紙鍋蓋,但如果溫度過高,食材表面依舊會乾燥,如此就得不到濕潤的口感。另外,由於使用的液體很少,因此如果溫度過高,則液體很快就會收乾,容易燒焦。

相反地,如果溫度過低,則需要花一段時間才會熟,因此必須時時注意烤箱溫度。液體稍微沸騰冒出小氣泡是最理想的溫度。

蒸煮鰈魚佐寬麵

Filet de carrelet aux nouilles fraîches

鰈魚與香味蔬菜、少量的白酒、
魚高湯一起蒸煮完成。
淋上濃厚的奶油醬汁後連盤子一起烘烤
增添香氣。

材料（4 人分）

鰈魚（600g）＊1	1 尾
紅蔥頭（切碎）	60g
巴西里（切末）	20g
蘑菇（切成薄片）	80g
白酒	180ml
魚高湯	150ml
奶油麵糊 ＊2	適量
鮮奶油	200ml
檸檬汁	適量
手工寬麵 ＊3	120g

◎鹽、胡椒、奶油

＊1 切成 5 片（參照 167 頁）。
＊2 參照 157 頁。
＊3 參照 173 頁。用加了鹽的大量熱水煮，
　　加入奶油 15g 拌勻，撒上鹽和胡椒。

烹調要點

1	將鰈魚拍打延展成均一的厚度
2	為了避免鰈魚翹起來，事先劃上刀痕
3	蓋上紙鍋蓋加熱
4	開火加熱至沸騰後再放入烤箱
5	用湯汁製作醬汁
6	為了讓醬汁可以呈現金黃色， 使用打發的鮮奶油

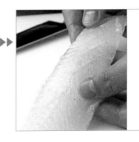

魚的鮮度愈高，則加熱時愈容
易翹起，這是造成魚肉散開的
原因之一。因此，事前在魚肉
劃上幾道淺的刀痕，便可以有
效地在短時間內均勻加熱。

作法

〔準備鰈魚〕

（1）去除鰈魚皮。魚尾朝向己側放置，魚肉端留下魚皮，劃上幾道刀痕。左手一邊拉魚皮，一邊將刀劃入魚皮和魚肉之間，將刀子放平，慢慢朝魚頭方向滑去，將魚皮撕掉。

（2）在魚皮那一面劃上幾道淺的刀痕。

（3）用沾濕的保鮮膜夾住鰈魚，用肉槌拍打鰈魚，延展成均一厚度。取下保鮮膜，撒上鹽和胡椒。

〔加熱鰈魚〕

（4）焗烤盤上塗上一層薄薄的奶油，鋪上紅蔥頭，均勻地撒上巴西里和蘑菇。將原本有魚皮的那一面朝下，將鰈魚排放整齊。

（5）注入白酒和魚高湯，高度達到魚肉的一半～2/3。為了避免黏在魚肉上，紙鍋蓋塗上奶油後覆蓋在鰈魚上。

（6）開火加熱至沸騰。為了避免魚肉散開，不要開大火滾。放入180℃的烤箱內烤10～12分鐘。用手指按壓，如果感覺到彈力就代表已經熟了。

（7）取出鰈魚，蓋上保鮮膜，放在溫暖的地方保溫。

〔製作醬汁〕

（8）將7的湯汁倒入鍋中，一邊確認味道，一邊熬煮。加入少許的奶油麵糊調整濃度，加入鮮奶油100㎖。稍微熬煮入味後灑上鹽和胡椒。試一下味道，如果酸味不夠的話加入檸檬汁調整，最後再用極細圓錐篩網過濾。

（9）將剩下的鮮奶油100㎖打發至可以拉出一個尖角後加入，混合均勻。

〔上桌前烤至金黃色〕

（10）盤子鋪上寬麵，盛上鰈魚，淋上9的醬汁。用明火烤箱或高溫烤箱稍微烘烤，將表面烤至金黃色。

section

【steam】

9 cuire à la vapeur

cuire à la vapeur 指的是「用水蒸氣加熱」的烹調法,也就是「蒸」。這是法式料理中比較新穎的技法,是到了1970年代之後才逐漸普遍。

一般而言是將裝了水的蒸鍋放在火爐上使其產生水蒸氣,藉由水蒸氣的對流將放在上層的食材蒸熟。由於是用水蒸氣(含有水分的熱氣)加熱,因此烹調出的食物非常蓬鬆濕潤。

用這種烹調法烹調出來的食物與用接近沸騰液體加熱的「pocher」(參照88頁)非常類似。然而,這種烹調法和「pocher」的不同點在於,食材不需要直接浸泡在液體或油脂中,因此比較不需要擔心因為液體的對流而讓食材的形狀散開。另外,這種烹調法不會讓食材的營養成分和鮮味流到液體當中,香氣也不容易飄散。因此,可以直接呈現食材的原味。

這種烹調法主要適用於海鮮類和蔬菜,如果是肉類的話,比較適合雞胸肉等味道比較淡泊的肉品。另外,由於加熱的時候不使用油脂,是非常健康的料理,也符合大眾現在追求輕食的傾向。

蒸煮的液體不僅限於水,也可以使用海鮮高湯,或是加入葡萄酒或香草,在香氣和風味上做出不同的變化。另外,醬汁適合搭配奶油白醬(參照160頁)或油醋醬(參照156頁)等。

餐廳的廚房在應用這種烹調法的時候經常使用蒸氣旋風烤箱。這種烤箱在溫度管理上非常方便,可以烹調出品質穩定的料理。

Point
1 　食材的鮮度和備料

　　「cuire à la vapeur」烹調法在將食材放入蒸鍋後幾乎不會中途取出撈浮渣或加調味料。最初的味道會直接影響最後的成品，因此要選擇新鮮的食材，盡量避免雜質多或是味道重的食材，也要確實做好食材的準備。

Point
2 　食材的鮮度和備料

　　就像「蒸鯛魚」（參照 104 頁）這道料理的鯛魚和蔬菜，有時會將不同的食材放在一起蒸。這時，由於每一種食材的受熱狀況都不相同，因此要在切的時候下功夫，或是將不容易熟的食材先加熱等，做好事前的準備，才能讓蒸出來的所有食材都是處於最佳狀態。

Point
3 　水蒸氣開始冒煙之後
　　放入食材

　　這種烹調法最重要的是先將蒸鍋加熱，等到水分沸騰、冒出充足的水蒸氣之後再放入食材。如果在水蒸氣不足的情況下放入食材，則必須花上許多無謂的時間加熱，這會使得蔬菜顏色變得混濁，口感變得乾澀，失去了原本好不容易得到的濕潤感。

Point
4 　調整水蒸氣的強度

　　將食材放入蒸鍋之後，根據食材不同，必須調整水蒸氣的強度。例如，「鮮蝦蒸蛋」（參照 106 頁）這種希望得到柔軟滑順口感的料理，如果水蒸氣過強則會出現空洞。將火力轉小，開一點縫隙讓水蒸氣散出等，以這種方式隨時調整水蒸氣的強度。

就算是容易散開的食材
也可以維持形狀

由於這種烹調法是用水蒸氣加熱，因此不用擔心液體的對流會破壞食材的形狀。如此就可以想像出食材最後盛盤的樣子，根據希望呈現的方式開始烹調。然而，魚類等食材經過加熱後依舊容易散開，因此取出盛盤的時候還是需要特別留意。

清洗、醃漬等，
做好萬全的事前準備

蒸之前先將會讓食材吃起來有腥味或臭味的部分，例如內臟或血等清洗乾淨，將水分確實擦乾。用葡萄酒或香草醃過後更具效果。調味的鹽和胡椒不像炒或烤等烹調法會在烹調中流失於油脂當中，因此需要特別注意，不要過度調味。

蒸鯛魚

Filet de dorade à la vapeur

充分展現了新鮮鯛魚的風味，
與色彩繽紛的蔬菜一起簡單蒸煮而成。
淋上的是香氣四溢且與魚類料理
十分搭配的奶油白醬。

烹調要點

1	將蔬菜切成方便蒸熟的大小
2	注意鹽的使用量
3	用冒出水蒸氣的蒸鍋蒸

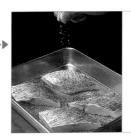

蒸之前撒上的鹽和胡椒要比用
煎的時候少。煎的時候因為使
用了油脂，因此鹽分多少會隨
之流失，但蒸的時候灑上的鹽
會全部被魚吸收。

材料（4 人分）
鯛魚（70g 帶皮魚塊）⋯⋯⋯⋯4 塊
白酒⋯⋯⋯⋯⋯⋯⋯⋯⋯⋯⋯適量
配菜
┌ 綠蘆筍⋯⋯⋯⋯⋯⋯⋯⋯4 根
└ 蕪菁、紅蘿蔔、櫛瓜⋯⋯各 30g
奶油白醬 ＊⋯⋯⋯⋯⋯⋯⋯適量
蝦夷蔥（切成小段）⋯⋯⋯⋯適量
◎鹽、胡椒
＊ 參照 160 頁。

作法
〔準備蔬菜〕
（1）將綠蘆筍的穗和軸分開，軸削
皮後切成細絲，穗用鹽水煮過後撈
取備用。
（2）將削皮後的蕪菁、紅蘿蔔、櫛
瓜的綠色部分切成細絲。與 1 的綠
蘆筍軸一起輕輕撒上鹽和胡椒，放
置一陣子，讓鹽入味。

〔蒸鯛魚〕
（3）鯛魚兩面撒上鹽和胡椒，再均
勻淋上少許白酒。
（4）將烘焙紙鋪在蒸鍋上，放上鯛
魚，上面再放上 2 的蔬菜。
（5）蒸鍋加水開火，用大火煮出水
蒸氣。放上 4，大約蒸 5 分鐘。等
到鯛魚變白、蔬菜變軟之後便可取
出。

〔製作奶油白醬〕
（6、7）混合紅蔥頭、白酒、白酒
醋，熬煮至幾乎完全收乾。
（8）將奶油回溫至手指按壓會留下
凹痕為止。
（9）7 加入鮮奶油加熱至稍微沸騰
後分數次加入奶油，混合均勻。用
鹽和胡椒調味，再用極細圓錐形濾
網過濾。如果有需要的話可以加入
檸檬汁增添酸味。
（10）盛盤前再加熱回溫，加入蝦
夷蔥。

〔盛盤〕
將 5 的鯛魚和蔬菜盛入盤中，放上
1 的綠蘆筍穗裝飾，再淋上 10 的醬
汁。

鮮蝦蒸蛋搭配蕈菇卡布奇諾風濃湯

Flan de crevettes au cappuccino de champignons

這是一道像卡布奇諾般打發的輕盈濃湯。
濃湯下藏著濕潤滿溢鮮蝦美味的蒸蛋。
各種不同的滑順風味在嘴裡擴散。

材料（4人分）

鮮蝦蒸蛋

鮮蝦（剝殼）	100g
鹽	少許
蛋	1顆
牛奶	250mℓ
卡宴辣椒粉	適量

濃湯

紅蔥頭（切碎）	20g
蘑菇（切成薄片）	100g
奶油	30g
雞高湯	250mℓ
鮮奶油	50mℓ

甜椒	適量
細葉香芹	適量

◎鹽、胡椒

烹調要點

1	磨碎的鮮蝦泥加鹽帶出黏性
2	蒸蛋液用極細圓錐形濾網過濾會讓口感更滑順
3	分裝至器皿中，蓋上保鮮膜
4	放入冒出水蒸氣的蒸鍋中，用溫和的水蒸氣蒸
5	濃湯趁熱用攪拌棒打發

蒸蛋液用極細圓錐形濾網過濾
會讓口感更滑順，之後依照人
數分裝至器皿中。蒸的時候為
了不讓水蒸氣滴進蛋液中，一
定要蓋上保鮮膜。

作法

〔製作鮮蝦蒸蛋〕

（1）將剝殼鮮蝦切成小段，加鹽後放入食物調理機中攪打至產生黏性為止。如果鹽分不夠則不容易產生黏性，但過多又會過鹹，必須特別注意。

（2）加入蛋，用食物調理機打勻，再加入牛奶打勻。

（3）用刮刀一邊按壓一邊用極細圓錐形濾網過濾，再用鹽和卡宴辣椒粉調味。卡宴辣椒粉非常辣，用刀尖沾取少量放入即可。

（4）將蛋液均勻放入器皿中，一個大約60g，蓋上保鮮膜。

（5）等到冒出溫和的水蒸氣和放入蒸鍋內，大約蒸10分鐘（如果使用的是蒸氣旋風烤箱，則是用80℃蒸大約10分鐘）。用竹籤刺，如果沒有沾上未熟的蛋液就代表已經熟透了。

〔製作濃湯〕

（6）鍋內放入奶油加熱，放入紅蔥頭炒軟，不要上色（suer），加入蘑菇炒熟。

（7）加入雞高湯，轉大火，沸騰後轉小火，撈取浮渣。

（8）用鹽和胡椒調味，保持液體表面微微跳動的火力熬煮約20分鐘。如果有浮渣則仔細撈取。

（9）用果汁機打勻後再用極細圓錐形濾網過濾。放入鍋中，加入鮮奶油混合，加熱至沸騰。再用鹽和胡椒調味，關火。

（10）趁熱用攪拌棒攪打，打至充滿許多空氣、產生許多均勻且細緻的泡沫為止。

〔盛盤〕

蒸好的鮮蝦蒸蛋注入10的濃湯，放上細葉香芹裝飾。

section

10 | 【braise】
braiser

braiser 翻成日文指的就是「蒸煮」的意思。然而，日本料理的蒸煮指的是連同鍋子或容器一起放入蒸鍋中以水蒸氣加熱，但法國料理的「braiser」指的則是在一個鍋中同時「蒸」和「煮」，近似一邊蒸一邊煮。

「braiser」一般的作法是先將肉塊或整條魚等食材用油將表面煎熟封住，接著再和香味蔬菜一起放入鍋中，倒入食材一半高度的水、高湯或葡萄酒等液體，蓋緊鍋蓋，連同鍋子一起放入烤箱加熱。蓋上鍋蓋密封是「braiser」烹調法的重點，利用悶在鍋內水蒸氣的力量溫和加熱。與食材浸泡的液體也會產生溫和的對流，在將食材煮熟的同時，也可以讓香味蔬菜和葡萄酒的精華進

到食材當中。另外，食材的精華有一部分會流入蒸煮的湯汁當中，最終可以用來製作醬汁，充分利用。

這個「braiser」的烹調法根據食材大約可以分成兩種。其一是這裡介紹的「蒸煮牛舌」（117頁）所用的技巧，花時間慢慢加熱，將大塊肉燉至軟爛。另一種則是像「燉無備平鮋」（110頁）一般，用短時間蒸煮比較柔軟的食材。

無論是哪一種方式，食材與充滿食材精華的湯汁融為一體，這是唯有「braiser」烹調法才做出的美味，相乘效果之下，讓口味更上一層樓。

Point 1　將表面煎熟

　　用「braiser」烹調法烹調的食材首先需要用油將表面煎熟。這是為了避免加入液體加熱時會流出過多的肉汁（精華），而使得食材變得乾澀，同時也可以預防食材散開變形。由於這裡的主要目的並不是在將食材煮熟，因此用大火短時間將表面封住，如果希望醬汁呈現白色，則這時候就不要煎至上色。

Point 2　注入的液體　約是食材的一半高度

　　「braiser」的湯汁最終會用來製作醬汁。因此，考慮到加熱時會逐漸收乾，再推測製作醬汁所需要的湯汁量，短時間蒸煮的時候注入的液體大約是食材的一半高度，而像牛舌這種需要長時間加熱的料理，則可以再多加一點液體。液體可以用水，但為了增添風味和鮮味，多半會使用高湯或葡萄酒，再加上香味蔬菜。重點在於根據食材的量選擇適當大小的鍋子，如果鍋子過大則必須使用比較多的液體，鍋子過小則剩下的湯汁可能不夠用來製作醬汁。

Point 3　蓋上鍋蓋密封，　放入烤箱加熱

　　加入食材煮沸之後，蓋上不會讓水蒸氣逃走的厚重鍋蓋，放入烤箱加熱。雖然也可以直接用瓦斯爐加熱，但用烤箱加熱則導熱更均勻，可以讓食材在鍋內穩定地加熱。另外，密閉的狀態可以避免水分流失。加熱時，食材與湯汁的精華和風味相互融合，產生「braiser」獨有的整體感。

將表面煎熟之後再蒸煮

將食材的表面煎熟是為了鎖住鮮味，而對於柔軟的魚類而言，這個動作可以預防魚肉散開。藉由先將食材表面煎熟，除了可以增添肉或魚的香氣之外，更可以醞釀出「braiser」特有的濕潤口感。

湯汁的量也是決定美味的關鍵

尤其是短時間蒸煮的料理，如果湯汁的量過多，就會呈現水煮的狀態，湯汁的味道過淡，在製作醬汁的時候必須花費不必要的時間濃縮。加入食材一半高度的液體蒸煮，無論是在熟度或之後製作醬汁的量上都恰到好處。

燉無備平鮋
Mebaru braisé au jus de coquillages

將無備平鮋煎香之後再用蒸煮的方式慢慢加熱。
魚和貝類滲出的精華和香料、香草的風味融為一體，這是唯有「「braiser」才能呈現的絕妙滋味。

材料（4人分）

無備平鮋
（含內臟 350～380g）＊1 ⋯⋯⋯⋯2 尾
蛤蠣（吐沙）⋯⋯⋯⋯⋯⋯⋯⋯⋯20 個
淡菜⋯⋯⋯⋯⋯⋯⋯⋯⋯⋯⋯⋯⋯8 個
小番茄⋯⋯⋯⋯⋯⋯⋯⋯⋯⋯⋯12 顆
鯷魚（油漬。切碎）⋯⋯⋯⋯⋯⋯1 片
黑橄欖（去籽）⋯⋯⋯⋯⋯⋯⋯12 顆

酸豆⋯⋯⋯⋯⋯⋯⋯⋯⋯⋯⋯⋯2 大匙
大蒜（剝皮後輕輕拍碎）⋯⋯⋯1½ 瓣
義大利巴西里（切碎）⋯⋯⋯⋯⋯適量
白酒⋯⋯⋯⋯⋯⋯⋯⋯⋯⋯⋯⋯90㎖
水⋯⋯⋯⋯⋯⋯⋯⋯⋯⋯⋯⋯450㎖
初榨橄欖油⋯⋯⋯⋯⋯⋯⋯⋯⋯50㎖
小松菜、牛蒡、蓮藕＊2⋯⋯⋯各適量
◎鹽、橄欖油、胡椒

＊1　也可以用鯛魚、比目魚、鱸魚等替
代無備平鮋。

＊2　小松菜用鹽水煮熟後將水分擠乾
備用。牛蒡和蓮藕切成薄片，清炸
後灑上少許鹽巴。

烹調要點

1	選擇新鮮的無備平鮋，整條烹調
2	劃上刀痕直達中骨附近
3	煎香上色
4	液體的量約是魚的一半高度
5	熬煮湯汁製成醬汁

從盛盤時朝上的那一面開始
煎。這是因為翻面後同樣的油
有可能會讓表面沾上髒污。煎
的時候千萬不可把魚皮弄破，
這是造成魚的鮮味流失、魚肉
脫落的主因。

作法

〔製作番茄乾〕
（1）將小番茄橫向對切，切口朝上，排放在網架上，撒上鹽巴。
（2）放入100℃的烤箱內烤3～4小時，讓水分蒸發。

〔煎無備平鮋的表面〕
（3）去除無備平鮋的魚鰭、鱗片、內臟，用水沖洗（參照165頁），將水分擦乾。為了讓魚肉更容易熟，且避免在煎的時候魚肉脫落，事前在魚肉厚的部分劃上刀痕，深至中骨附近。
（4）平底鍋內放入適量橄欖油加熱，放入撒上鹽和胡椒的無備平鮋，用中火煎。等到呈現金黃色後翻面，以同樣的方式繼續煎。
（5）沒有接觸到平底鍋的部分可以用鍋鏟按壓，或是以淋油（arroser）的方式，讓魚均勻上色。

〔蒸煮無備平鮋〕
（6）將整條無備平鮋移到淺鍋中。放入蛤蠣、淡菜、鰻魚、黑橄欖、2的番茄乾、酸豆、大蒜，並撒上一半量的義大利巴西里。倒入到達魚一半高度的白酒和水。
（7）直接開火加熱至沸騰，再放入180℃的烤箱內。
（8）加熱10分鐘後從烤箱取出。用手按壓魚肉，如果感受到彈力，就代表已經熟了。

〔製作醬汁〕
（9）取出無備平鮋和貝類，保溫。將大蒜取出後開火熬煮湯汁，靜靜地煮沸。如果味道不夠濃厚，則可再多熬煮一下子。
（10）慢慢加入少許初榨橄欖油，充分攪拌，增加濃度。

〔盛盤〕
將取出的魚和貝類盛入加熱過的容器內，淋上10的醬汁。佐上小松菜、牛蒡、蓮藕，再撒上剩餘的義大利巴西里。

111

長時間蒸煮帶出了
培根和香腸的鮮味，
再加上及高麗菜柔和的甜味，
身邊常見的一般食材搖身一變
成為高雅且有深度的佳餚。

材料（4 人分）

培根（塊）	400g
新鮮香腸（30g）	8 根
高麗菜	½ 顆
洋蔥（切成薄片）	1 顆
大蒜（剝皮後輕輕拍碎）	2 瓣
奶油	30g
白酒	200㎖
黑胡椒粒	7 粒
丁香	3 粒
百里香	1 枝
月桂葉	½ 片
雞高湯	250㎖

◎沙拉油、鹽、胡椒

高麗菜
燉香腸培根

Chou braisé au bacon et aux saucisses

烹調要點

1	配合食材大小選擇適合的厚鍋
2	高麗菜汆燙後將水分瀝乾
3	將培根和香腸煎至上色
4	倒入到達食材一半高度的液體
5	將鍋蓋確實蓋緊後放入烤箱加熱

▶▶

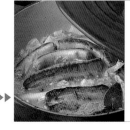

由於「braiser」是利用湯汁和
湯汁散發的水蒸氣加熱的烹調
法，因此為了不讓水蒸氣逃走，
必須蓋上有一定重量的鍋蓋後
放入烤箱，讓湯汁在鍋內微微
滾動，溫和加熱。

作法

（1）去除高麗菜芯，切成 1cm 寬，
汆燙後浸泡涼水。將高麗菜撈起，
水分充分瀝乾。

（2）厚鍋中放入適量的沙拉油加
熱，放入培根，煎至整體均勻上色
後取出。用同一個鍋子煎香腸，上
色後取出備用。煎培根和香腸是為
了固定表面，並增添香氣和顏色。

（3）倒掉鍋裡的油，另外加新的奶
油 15g 加熱。放入洋蔥和大蒜，撒
上鹽和胡椒，拌炒讓洋蔥和大蒜吸
取鍋底精華，直到軟嫩為止（suer）。

（4）放入 1 的高麗菜，加入奶油
15g，輕輕拌炒讓高麗菜裹上奶油即
可。

（5）拌炒高麗菜時將 2 的培根和香
腸放回鍋中。

（6）加入白酒加熱至沸騰，將酒精
蒸發。放入黑胡椒粒、丁香、百里
香、月桂葉，撒上鹽和胡椒。注入
雞高湯，所有液體大約到達食材一
半高度。

（7）直接開火加熱至沸騰後蓋上鍋
蓋，放入 180℃ 烤箱約燉煮 30 分鐘。
試一下味道，最後再用鹽和胡椒調
味。

〔盛盤〕

將高麗菜和洋蔥盛入盤中，放上培
根和香腸，淋上湯汁，根據喜好搭
配黃芥末醬一起享用。

燉煮小牛胸腺

Ris de veau braisé au vermouth

為了不讓柔軟的小牛胸腺變形，
必須溫和地慢慢加熱。
佐上與小牛胸腺非常搭配的蕈菇，
再淋上白色的奶油醬汁一起享用。

材料（4 人分）

小牛胸腺	800g
洋蔥（切成 5mm 小丁）	100g
紅蘿蔔（切成 5mm 小丁）	50g
芹菜（切成 5mm 小丁）	30g
大蒜（剝皮後輕輕拍碎）	1 瓣
苦艾酒	100㎖
雞高湯	500㎖
香草束	1 束
鮮奶油	200㎖
用水調勻的玉米粉	適量

配菜

牛肝菌 ＊	240g
舞菇	80g
蠶豆	60g
培根（切成小的條狀）	60g

◎鹽、胡椒、奶油、油炸用油

＊　牛肝菌縱切成 5mm 薄片，選出形狀
　漂亮的 12 片備用。碎掉的牛肝菌放
　入鍋中蒸煮。

烹調要點

1	仔細處理小牛胸腺
2	兩面煎小牛胸線固定表面的時候， 不要過度上色
3	拌炒香味蔬菜時不要讓蔬菜上色
4	倒入到達胸腺一半～ ⅓ 高度的液體
5	確實蓋緊鍋蓋，放入烤箱加熱
6	將湯汁收乾，加入鮮奶油，製作醬汁

為了不讓胸腺的鮮味流失，必
須將表面煎熟固定。然而，由
於希望最後的成品接近白色，
因此要用較小的火力，注意不
要過度上色。

倒入到達胸腺一半高度的液
體，確實蓋緊鍋蓋，放入 200℃
烤箱加熱。表面逐漸滾動沸騰，
利用悶在鍋內的水蒸氣溫和加
熱。

作法

〔處理胸腺〕

（1、2）參照 164 頁水煮小牛胸腺，去除表面的薄皮，壓上重物將水分瀝乾。

〔煎胸腺表面〕

（3）處理過的胸腺撒上鹽和胡椒。

（4）鍋內放入適量奶油加熱，等到氣泡變小後放入胸腺。

（5）由於希望成品接近白色，因此只要將兩面煎至照片的狀態即可起鍋備用。

〔拌炒香味蔬菜〕

（6）將洋蔥、紅蘿蔔、芹菜、大蒜、碎掉的牛肝菌放入煎過胸腺的鍋中炒軟，注意不要上色（suer）。

〔燉煮胸腺〕

（7）將胸腺放回 6 的鍋內，加入苦艾酒開大火加熱，蒸發酒精成分。倒入雞高湯。液體的量如照面所示，大約到達胸腺的一半～ ⅓ 高度。

（8）沸騰後轉小火，撈取浮渣。

（9）加入香草束，蓋上鍋蓋，放入 200℃ 烤箱中。

（10）約烤 20 ～ 30 分鐘，液體表面靜靜地滾動，利用悶在鍋內的水蒸氣燉煮。等到胸腺熟透變軟之後從烤箱取出，蓋上鋁箔紙保溫。

〔製作醬汁〕

（11）從燉煮胸腺的湯汁中將香草束取出，撈取浮在表面的油脂。

（12）開小火將湯汁熬煮至大約剩下一半的量（400mℓ）。

（13）加入鮮奶油，熬煮至有一定的濃稠度。如果濃稠度不夠，則可以加入用水調勻的玉米粉調整。

（14）用極細圓錐形濾網過濾。

（15）用鹽和胡椒調味，試一下味道，有需要的話加入奶油增添風味（monter）。

〔製作配菜〕

（16）用適量奶油拌炒牛肝菌薄片，用鹽和胡椒調味。油炸舞菇，撒上鹽。蠶豆與培根一起用適量的奶油拌炒，撒上鹽和胡椒。

〔收尾〕

（17）胸腺分切後放入 15 的醬汁中，略為加熱入味。

〔盛盤〕

將胸腺盛入盤中，佐上配菜，最後再將醬汁淋在胸腺上。

蒸煮牛舌

Langue de bœuf braisée
à la printanière

用大量的紅酒和高湯
溫和蒸煮而成的牛舌。
配上用充滿牛舌鮮味的湯汁
熬煮而成的醬汁,
是一道令人回味無窮的美味佳餚。

材料(4人分)

牛舌(1.4kg)	1塊
培根(切成1cm小丁)	200g
洋蔥(切成1cm小丁)	360g
紅蘿蔔(切成1cm小丁)	100g
芹菜(切成1cm小丁)	130g
番茄 *	150g
番茄泥	50g
紅酒	500mℓ
牛高湯	1ℓ
大蒜(剝皮後輕輕拍碎)	2瓣
香草束	1束
用水調勻的玉米粉	適量
配菜	
⌈ 細長紅蘿蔔	10根
│ 帶葉小蕪菁	10顆
│ 小韭蔥	10根
⌊ 甜碗豆	100g

◎奶油、沙拉油、鹽、胡椒
＊ 帶皮去籽後大致切碎。

烹調要點

1	牛舌水煮後去皮
2	充分拌炒香味蔬菜
3	加入剛好蓋過牛舌的液體
4	放入烤箱慢慢燉煮
5	牛舌不要過度加熱
6	將熟透的牛舌切片,用醬汁熬煮入味

牛舌經過充分水煮後更容易剝皮,但水煮過頭則會喪失鮮味,需要特別注意。另外,剝皮時如果傷到牛舌肉,則燉煮時容易散開變形,需要特別慎重。

蒸煮並非愈軟愈好。用刀子切開時毫不費力,且肉不會散開,這樣吃起來才更美味。可以用竹籤順利刺入的柔軟度最為適中。

作法

〔處理牛舌〕

（1）將牛舌放入大量的水中開火加熱，水滾後大約煮 1 小時。

（2）趁熱將皮剝掉。

〔拌炒香味蔬菜〕

（3）可以放入牛舌的大鍋中放入適量奶油和沙拉油加熱，用小火拌炒培根，帶出香氣。

（4）等到培根表面稍微上色後，加入洋蔥、紅蘿蔔、芹菜，輕輕拌炒至稍微上色。

（5）加入番茄和番茄泥拌勻。

〔燉煮牛舌〕

（6）平底鍋內加入適量的沙拉油和奶油，用大火將牛舌表面煎至上色。

（7）5 的鍋內加入紅酒和牛舌，開火加熱至沸騰，蒸發酒精成分。注入牛高湯，量剛好蓋過牛舌。加入大蒜、香草束，加入少許鹽和胡椒。

（8）直接開火加熱至沸騰，撈取浮渣，放上紙鍋蓋。放入 180 ～ 200℃烤箱，蒸煮 2 ～ 3 小時。

（9）為了讓熟度均一，中途將牛舌上下翻面，同時撈取浮渣。

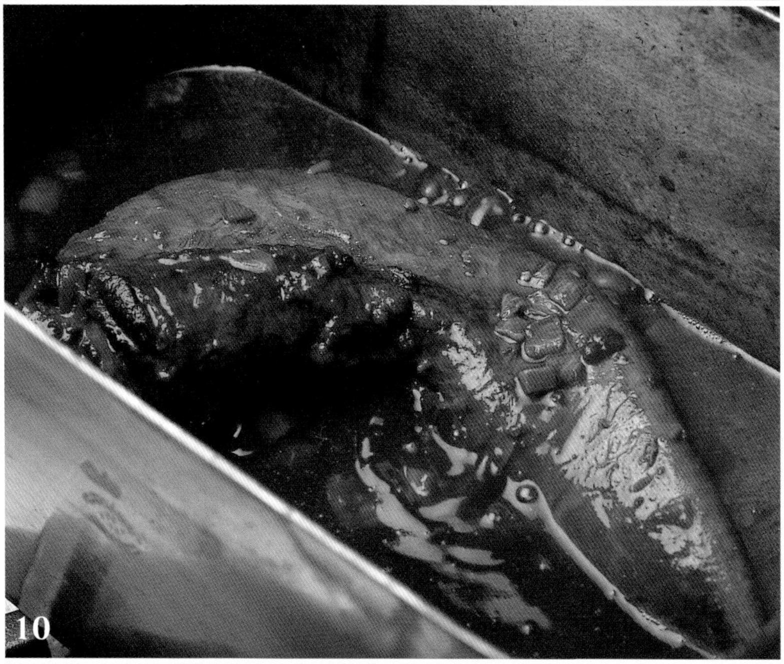

（10）用竹籤刺牛舌，如果可以順利通過，就代表已經熟了。照片是從烤箱取出後牛舌的狀態。取出牛舌，用保鮮膜包好，放在溫暖的地方備用。

（11）撈取湯汁的浮渣和油脂，再用極細圓錐形濾網過濾。這時，為了帶出鮮味，過濾時輕輕按壓蔬菜。

〔製作醬汁〕

（12）確認湯汁的濃度和味道，如果味道過淡，則繼續熬煮，撈取浮渣。有需要的話，可以加入用水調勻的玉米粉調整濃度。

〔用醬汁稍微燉煮牛舌〕

（13）將10的牛舌切成1cm薄片後放回醬汁中，約燉煮30分鐘，讓牛舌更入味。

〔製作配菜〕

（14）細長紅蘿蔔和帶葉蕪菁削皮後去除切口稜角。將所有的蔬菜分別用鹽水煮熟。鍋內放入適量的奶油加熱，放入蔬菜回溫，最後再用鹽和胡椒調味。

〔盛盤〕

將配菜的蔬菜盛入盤中，放上牛舌，最後再淋上大量13的醬汁。

section
11 ｜【stew】ragoût

ragoût 就是像「stew」一般，指的是用剛好蓋過食材的液體慢慢燉煮而成的料理。這是自古以來就有的烹調法，利用長時間燉煮的方式，將硬的肉煮軟。原理雖然簡單，但實際操作上必須先將肉品的表面煎熟固定，再加入香味蔬菜增添風味，還需要加入高湯和葡萄酒等讓味道更豐富。如何才能讓食材和醬汁融為一體，讓料理吃起來更美味，這個烹調法考驗著許多細微的功夫。

「ragoût」大致上可以分成兩種。其一是用褐色的高湯燉煮，另一種則是用白色的高湯燉煮。

一般而言，適合燉煮的食材包括肩肉和五花肉等就算經過長時間加熱也不會乾澀的部位，如果是雞肉的話，則像是雞腿肉等肉質堅硬的部分比較適合使用這種烹調法。當中，適合用褐色高湯燉煮的食材包括牛、小羊、家禽、野味等。

另一方面，適合用白色高湯熬煮的食材除了雞、小牛、豬之外，鮟鱇魚等就算經過燉煮也不容易散開的魚也很適合。用白酒、白色高湯、魚高湯等熬煮，最後再加入鮮奶油煮成白色。

雖然這是一種非常純樸的烹調法，但在法國各地孕育出的各種鄉土料理中經常可以看到使用「ragoût」法烹調出的料理。無論如何，在一個鍋子當中，花時間融合食材和湯汁，創造出耐人尋味的深奧風味。

使用滿滿的湯汁

根據食材量選擇適當大小的帶蓋鍋子。考慮到在燉煮的過程中湯汁會逐漸收乾，因此湯汁的量大約是剛好蓋過食材。肉品如果沒有浸在湯汁中則帶不出鮮味，且肉品也不容易軟爛。

直接開火加熱時要轉小火，且不時攪拌

若想要將肉品燉至軟爛，可以用烤箱加熱或是直接開火加熱。用烤箱的話，則鍋子整體會慢慢地加熱，湯汁的對流弱，肉品不容易散開。另一方面，如果是直接開火加熱，則必須用小火保持液體表面處於靜靜沸騰的狀態。由於湯汁中加了麵粉，因此必須不時攪拌，避免鍋底燒焦。

Point 1　將表面煎熟固定

在燉煮肉品之前，先用油脂將表面煎熟固定。這裡的目的不是在將肉品煎至熟透，而是為了在燉煮的過程中，盡量避免鮮味流失，同時防止肉品散開。用褐色高湯燉煮時可以將肉品煎至上色，用白色高湯燉煮時則盡量不要上色。無論是用哪一種高湯燉煮，都要均勻地將肉品的表面煎熟。

Point 2　帶出香味蔬菜的風味

「ragoût」料理不可缺少洋蔥、紅蘿蔔、芹菜等香味蔬菜的風味。充分拌炒蔬菜，帶出風味。蔬菜所流出的水分有時也扮演吸取煎過肉的鍋底精華的角色。肉的鮮味和蔬菜的風味在燉煮的過程中會進到肉品中，另外，也可以提升醬汁的風味。與肉品相同，用褐色高湯燉煮時可以炒至上色，用白色高湯燉煮時小心不要上色。

Point 3　用麵粉調出滑順的濃度

「ragoût」的湯汁最終會被用來製作醬汁，在考慮到燉煮過程中湯汁會逐漸收乾，一開始就先讓湯汁有一定的濃稠度。作法是在拌炒完香味蔬菜後均勻撒入麵粉與油脂充分拌炒拌勻，注意不要結塊也不要殘留任何麵粉。

Point 4　用滿滿的湯汁慢慢加熱

加入剛好蓋過食材的液體，蓋上鍋蓋放入烤箱加熱，讓液體靜靜地沸騰。使用烤箱加熱可以讓熱能均勻地傳導至整個鍋子，如此一來，湯汁就算加了麵粉也不容易燒焦。直接開火加熱時必須用小火且要不時地攪拌，避免燒焦。在燉煮的過程中，肉品和香味蔬菜、湯汁融為一體，創造出美妙的好滋味。

勃艮第風味燉牛肉

Bœuf bourguignon

這是冠上葡萄酒名產地
勃艮第之名的法國傳統料理。
長時間燉煮而成的牛肉，
散發出如葡萄酒般芳醇的香氣。
搭配炒培根蘑菇和寬麵一起享用。

材料（4 人分）

牛五花肉	800g
洋蔥（切成 1cm 小丁）	200g
紅蘿蔔（切成 1cm 小丁）	100g
芹菜（切成 1cm 小丁）	100g
奶油	30g
麵粉	20g
番茄（帶皮去籽大致切碎）	130g
番茄泥	25g
紅酒	1ℓ
牛高湯	500ml
香草束	1 束
大蒜（帶皮，輕輕拍碎）	2 瓣

勃艮第風味配菜 ＊1

培根（切成 5mm 厚、3～4cm 長的條狀）	120g
蘑菇（切成 4 塊）	12 朵
褐色的糖漬小洋蔥 ＊2	12 顆
手工寬麵 ＊3	160g
奶油	15g
巴西里（切碎）	適量

◎鹽、胡椒、沙拉油、奶油

＊1 培根和蘑菇各自用適量的奶油炒熟。

＊2 參照 60 頁「老奶奶的悶烤豬肉」。

＊3 參照 173 頁。用加了鹽的大量熱水煮，加入奶油 15g 拌勻，再撒上鹽和胡椒。

烹調要點

1	用細繩將牛肉綁緊
2	將表面充分煎熟上色並增添香氣
3	將香味蔬菜炒至上色
4	撒入麵粉，充分拌炒
5	放入烤箱慢慢熬煮
6	為了避免牛肉乾澀，牛肉變軟後就要立刻取出
7	用醬汁稍微熬煮牛肉，讓牛肉入味

▶▶

沙拉油加熱後將牛肉表面煎熟固定，增添風味並上色。這是為了避免肉汁流失而使得牛肉乾澀，同時也可避免熬煮時散開，長時間熬煮時尤其需要這一個步驟。

作法

〔煎牛肉表面〕

（1）將牛五花切成 4 塊，用細繩綁成十字。撒上鹽和胡椒，放入加了適量沙拉油加熱的平底鍋（或普通的鍋子）。

（2）將表面煎至上色。牛肉取出後放在網架上瀝油。

（3）丟棄平底鍋中多餘的油脂，加入適量紅酒，溶解鍋底的精華（déglacer）

〔燉煮牛肉〕

（4）鍋內放入奶油 30g 加熱，放入洋蔥、紅蘿蔔、芹菜拌炒。等到蔬菜稍微上色後撒入麵粉，充分拌炒。

（5）加入番茄和番茄泥拌勻。放入 2 的牛肉，注入紅酒 750㎖ 混合均勻，開火加熱至沸騰，蒸發酒精成分。加入 3 的紅酒和牛高湯，開大火加熱。沸騰後轉小火，撈取浮渣。

（6）加入香草束、大蒜，用鹽和胡椒打底調味。蓋上鍋蓋，放入 180 ～ 200℃的烤箱內，燉煮大約 1 小時 30 分鐘。

（7）將剩下的紅酒放入另一個鍋子內熬煮，直至出現光澤，鍋底出現薄膜為止。

（8）照片是燉煮完成後的狀態。取出牛肉拆繩，放置在溫暖的地方，包上保鮮膜預防乾燥。

〔製作醬汁〕

（9）湯汁加入 7 經過熬煮的紅酒增色。一邊按壓蔬菜，一邊用極細圓錐形濾網過濾。去除浮起的油脂。

〔用醬汁熬煮牛肉〕

（10）將 8 的牛肉放回醬汁中，用極小火煮約 30 分鐘。這是為了讓牛肉吸取醬汁的風味。

〔盛盤〕

將牛肉盛入盤中，旁邊放上配菜。醬汁淋在牛肉上，巴西里撒在寬麵上。

燉小羊肩肉

Navarin d'agneau
aux petits légumes

風味強烈的小羊肉和與其十分對味的
番茄一起加水慢慢燉至軟爛。
用充滿小羊鮮味和風味的湯汁製作醬汁
再佐上各式蔬菜。

材料（4 人分）
小羊肩肉（去骨）⋯⋯⋯⋯⋯⋯⋯⋯800g
洋蔥（切成 5mm 小丁）⋯⋯⋯⋯⋯100g
紅蘿蔔（切成 5mm 小丁）⋯⋯⋯⋯60g
奶油⋯⋯⋯⋯⋯⋯⋯⋯⋯⋯⋯⋯⋯30g
麵粉⋯⋯⋯⋯⋯⋯⋯⋯⋯⋯⋯⋯⋯20g
番茄（帶皮去籽大致切碎）⋯⋯⋯150g
番茄泥⋯⋯⋯⋯⋯⋯⋯⋯⋯⋯⋯⋯50g
水⋯⋯⋯⋯⋯⋯⋯⋯⋯⋯⋯⋯⋯800ml
大蒜（剝皮後輕輕拍碎）⋯⋯⋯⋯2 瓣
香草束⋯⋯⋯⋯⋯⋯⋯⋯⋯⋯⋯⋯1 束
配菜
    小洋蔥⋯⋯⋯⋯⋯⋯⋯⋯⋯⋯⋯8 顆
    削成橄欖球狀的馬鈴薯
    （cocotte）⋯⋯⋯⋯⋯⋯⋯⋯8 顆
    紅蘿蔔（去除切口稜角）⋯⋯⋯8 顆
    蕪菁（去除切口稜角）⋯⋯⋯⋯8 顆
    四季豆⋯⋯⋯⋯⋯⋯⋯⋯⋯⋯50g
    碗豆⋯⋯⋯⋯⋯⋯⋯⋯⋯⋯⋯40g
◎鹽、胡椒、沙拉油
＊參照 170 頁。

烹調要點

1	確實將小羊肉煎至上色
2	湯汁要善加利用附著在鍋底的精華
3	為了帶出小羊的風味，燉煮的時候使用清水而非高湯
4	用烤箱燉煮

▶▶

在煎過小羊肉之後，肉的精華
會附著在鍋底。為了讓這些精
華可以融入湯汁中，加入切成
5mm 小丁的洋蔥、紅蘿蔔（香
味蔬菜）拌炒，用蔬菜的水分
溶解這些精華。

作法

〔煎小羊肉表面〕

（1）去除小羊肩肉表面的薄皮、多餘的脂肪（較厚的部分），切成 3～4cm 小塊。

（2）羊肩肉撒上鹽和胡椒。鍋內放入適量的沙拉油加熱，用大火確實將羊肩肉的表面煎至上色。取出放在網架上將油瀝乾。

〔燉煮小羊肉〕

（3）倒掉煎過小羊肉的油脂，加入奶油 30g 加熱。放入洋蔥、紅蘿蔔炒軟，利用蔬菜的水分溶解附著在鍋底的小羊肉精華。

（4）撒入麵粉充分拌炒。

（5）將肉放回鍋內。加入番茄和番茄泥，攪拌均勻。加入比剛好蓋過羊肉再多一點點的水，沸騰後轉小火，撈取浮渣。

（6）加入大蒜和香草束，用鹽和胡椒打底調味。

（7）蓋上鍋蓋，放入 180～200℃的烤箱內約烤 1 小時，直到竹籤可以順利刺穿羊肉，肉質變得柔軟為止。

（8）取出羊肉。一邊按壓蔬菜，一邊用極細圓錐形濾網過濾湯汁。

（9）確認過濾後湯汁的味道和濃稠度，有必要的話開火熬煮。將肉放回湯汁中開火，撈取浮起的油脂，最後再用鹽和胡椒調味。

〔準備搭配的蔬菜〕

（10）參照 170 頁，將紅蘿蔔和蕪菁削成與橄欖球狀馬鈴薯相同的大小，去除切口稜角。將所有的蔬菜分別用鹽水煮熟後放入冷水冷卻，將水分瀝乾。取一部分 9 的醬汁，將蔬菜放入醬汁中加溫。

〔盛盤〕

將肉和蔬菜盛入較深的器皿中，淋上醬汁。

蕈菇風味燉兔肉

Ragoût de lapereau aux champignons des bois

帶骨的兔肉清淡卻鮮味十足，
與秋天山林美味的蕈菇一起燉煮，
是一道風味十足的佳餚。

材料（4 人分）

兔肉（1.4g）＊1	1 隻
各種蕈菇 ＊2	400g
奶油	20g
紅蔥頭（切碎）	50g
白酒	150㎖
牛高湯	350㎖
雞高湯	50㎖
香草束	1 束
迷迭香	1 枝
大蒜（剝皮後輕輕拍碎）	2 瓣
方旦馬鈴薯（fondant potato）	
┌ 馬鈴薯（200g）＊3	2 顆
│ 雞高湯	50㎖
│ 大蒜（剝皮後輕輕拍碎）	1 瓣
│ 百里香	1 枝
└ 無水奶油 ＊4	50g
義大利巴西里（切末）	適量

◎鹽、胡椒、麵粉、沙拉油

＊1 參照 165 頁處理備用。
＊2 這裡使用羊肚蕈、雞油菇、金針菇 、
紫香菇各 100g。分別切成適當大小
備用。
＊3 切成 1cm 厚圓片。
＊4 參照 172 頁。

烹調要點

1	為了讓兔肉更容易上色，煎之前要裹上薄薄一層麵粉
2	湯汁要善加利用附著在鍋底的精華
3	不要過度燉煮兔肉
4	中途加入炒蕈菇，與兔肉一起稍加燉煮

▶▶

確認湯汁剛好蓋過兔肉後放入
烤箱加熱。過度加熱會讓兔肉
變得乾澀，因此要特別注意不
要燉煮過頭。

作法

〔煎兔肉表面〕

（1）將帶骨兔肉切成適當大小，撒上鹽和胡椒。輕輕沾上麵粉，再將多餘的麵粉確實拍掉。

（2）鍋內放入適量沙拉油和奶油加熱，煎 1 的兔肉表面。等到充分上色後取出，將油倒掉。

〔燉煮兔肉〕

（3）2 的鍋內放入奶油加熱，用小火拌炒紅蔥頭，溶解附著在鍋底的精華。將兔肉放回鍋中。

（4）加入白酒開火煮滾，蒸發酒精成分，加入牛高湯和雞高湯。沸騰後撈取浮渣，加入香草束、迷迭香、大蒜。蓋上鍋蓋，放入 180 ～ 200℃烤箱，約燉煮 30 分中。

（5）用加了適量奶油加熱的平底鍋拌炒蕈菇。兔肉燉煮約 15 分鐘後放入拌炒過的蕈菇，繼續燉煮 15 分鐘。等到兔肉熟了之後從鍋中取出，保溫備用。取出香草束、迷迭香、大蒜。湯汁稍微熬煮後用鹽和胡椒調味。

〔製作方旦馬鈴薯〕

（6）鍋內放入無水奶油加熱，將馬鈴薯兩面煎至上色。加入雞高湯、大蒜、百里香，撒上鹽和胡椒，蓋上鍋蓋，放入 180℃烤箱，約烤 20 分鐘，直到柔軟為止。

〔用醬汁稍微熬煮兔肉〕

（7）將兔肉切成適當大小放入 5 的湯汁中加溫，讓兔肉更入味。

〔盛盤〕

將兔肉和馬鈴薯盛入盤中，四周淋上初榨橄欖油，撒上義大利巴西里。

奶油燉雞
Fricassée de poulet au riz pilaf

奶油燉雞用香味蔬菜帶出風味，
最後再加入鮮奶油，
是一道「白色的燉煮料理」。
柔軟的雞肉好像快要從骨頭脫落，
搭配滑順的醬汁一起享用。

材料（4 人分）

雞腿肉（帶骨 230g）	4 隻
奶油	30g
洋蔥（切成薄片）	140g
紅蘿蔔（切成薄片）	60g
韭蔥（白色的部分切成薄片）	50g
麵粉	25g
白酒	100㎖
雞高湯	600㎖
香草束	1 束
鮮奶油	200㎖
檸檬汁	適量
配菜	
白色的糖漬小洋蔥	8 顆
蘑菇	8 朵
檸檬汁、奶油	各適量
奶油飯 ＊	約 400g
細葉香芹	適量

◎沙拉油、鹽、胡椒
＊參照 37 頁的「烤龍蝦」。

烹調要點

1	雞肉表面煎熟固定，但不要過分上色	▶▶
2	拌炒香味蔬菜時也不要上色	▶▶
3	在雞肉浸泡在湯汁的狀態下用小火燉煮	
4	取出雞肉，熬煮湯汁	
5	將雞肉放回醬汁內稍微熬煮	

雖然要將雞肉表面煎熟固定，
但由於是白色的燉煮料理，因
此僅需稍微上色即可，千萬不
要過分上色。但為了不讓雞肉
的鮮味在燉煮的過程中流失，
也為了避免雞肉散開，必須確
實將雞肉表面煎熟固定。

用小火充分拌炒香味蔬菜，帶
出蔬菜的風味。等到蔬菜呈現
透明狀後撒上麵粉，充分拌炒
均勻。由於是白色的燉煮料理，
因此注意不要上色，確實拌炒
至看不見麵粉為止。

作法

〔煎雞肉表面〕

（1）鍋內放入奶油 30g 和適量沙拉油加熱。等到奶油的氣泡變小後，將撒上鹽和胡椒的雞肉放入鍋內，雞皮面朝下。

（2）將雞肉兩面表面煎熟固定，注意不要過分上色。

〔燉煮雞肉〕

（3）取出雞肉，放入洋蔥、紅蘿蔔、韭蔥炒軟（suer），帶出蔬菜風味，同樣注意不要上色。均勻撒入麵粉，拌炒至看不見麵粉為止。

（4）加入白酒溶解麵粉，小心不要結塊。將火轉大，蒸發酒精成分。

（5）將雞肉放回鍋中，加入雞高湯。

（6）轉大火，沸騰後撈取浮渣，轉小火。加入香草束，確定湯汁剛好蓋過雞肉後蓋上鍋蓋。

（7）用小火維持湯汁在靜靜滾動的狀態，大約燉煮 15 分鐘。由於非常容易燒焦，因此要不時攪拌鍋底。

〔切割雞肉，修整形狀〕

（8）雞肉熟了之後取出，從關節部分將雞肉一切為二。

（9）將下腿肉骨頭尖端的圓形部位切除。用刀子在骨頭尾端劃一圈，刮除多餘的肉，透出尖端的骨頭。

〔製作醬汁〕

（10）為了當作醬汁使用，將湯汁熬煮至剩下一半的量。

（11）用極細圓錐形濾網過濾。

（12）加入鮮奶油稍微熬煮。用極細圓錐形濾網過濾，最後再用鹽、胡椒、檸檬汁調味。

〔製作配菜〕

（13）白色糖漬洋蔥的製作方式參照褐色糖漬洋蔥（參照 170 頁），最後的湯汁不要上色，再與小洋蔥拌勻。

（14、15）參照 170 頁，為蘑菇刻上花紋。

（16）將蘑菇、檸檬汁、適量奶油放入鍋中，撒上鹽和胡椒。加入到達蘑菇一半高度的水，蓋上紙鍋蓋加熱至沸騰，約煮 2 ～ 3 分鐘。為了避免接觸空氣變色，蘑菇放入鍋中的時候蕈傘朝下。

〔用醬汁稍微熬煮雞肉〕

（17）將 9 的雞肉放回 12 的醬汁中稍微熬煮，讓雞肉入味。

〔盛盤〕

將雞肉和奶油飯盛入盤中，佐上蘑菇和糖漬洋蔥。淋上醬汁，最後再放上細葉香芹裝飾。

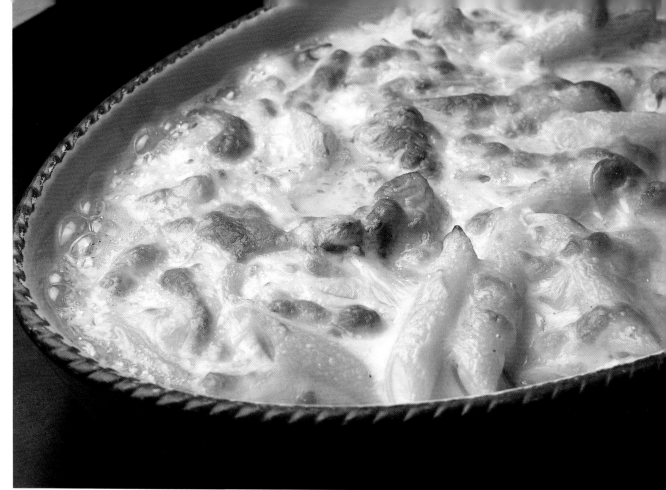

section

12 | 其他的烹調法

本章將介紹沒有收錄在其他章節中的烹調法。

焗烤 指的是在熟的食材表面撒上乳酪、麵包粉、奶油等,再用高溫烘烤的烹調法。這樣的作法可以讓表面形成烤得香酥的薄層,當中的餡料和醬汁也因為經過稍微熬煮而變得更加入味。與餡料結合在一起的醬汁除了焗烤通心麵常用的白醬(sauce béchamel,157頁)之外,也經常使用以番茄為底的醬汁。藉由變化醬汁和當中的餡料,可以享受各種不同的美味。

盤烤 指的是用高溫烤箱或明火烤箱(salamander)快速烘烤薄片魚的烹調法。由於烹調時間短,因此可以維持魚肉柔軟,也不會有損風味。另外,由於是放在盤子上烤,因此中途不需要翻面或取出,也就不用擔心魚肉會散開。只要注意火力,這種烹調法可說是適合所有像魚這般柔軟的食材。

滾煮 (bouillir)指的是讓液體沸騰,同時也可指在當中將食材煮熟。這與日文的「煮」意思十分相近,比起「pocher」是溫和地加熱,「滾煮」則是在液體翻滾沸騰的狀態下加熱。例如在煮蔬菜或義大利麵的時候便是如此,這時要用大量的液體煮至沸騰引起對流,讓食材彼此不容易沾黏,也不容易黏在鍋底。由於食材的鮮味會留到湯汁當中,因此可以用來煮成湯品享用。

低溫烹調 指的是用比正常低的溫度加熱食材的烹調法。這種烹調法讓食材的水分不容易流失,細胞也不會急速收縮,因此可以做出多汁軟嫩的料理。就像「尼斯風低溫烹調小羊菲力(參照144頁)」這道料理,烹調時多會使用真空烹調(將食材和調味料一起真空包裝,連同袋子一起低溫加熱的烹調法)。

131

〔**焗烤**〕
將表面烤香

為了讓餡料可以均勻受熱，要將餡料鋪平。由於焗烤是藉由將表面烤香增添美味的料理，因此千萬不可烤焦或烤不熟。

〔**盤烤**〕
用高溫快速加熱

若將切成薄片的魚放入高溫烤箱中，僅需要數秒魚肉就會變白，這代表魚已經熟了。如果錯過了這個時機，則魚肉會變得乾澀，必須特別注意魚肉的狀態。

焗烤

Point

1 先將餡料煮熟

焗烤可以用來烹調海鮮、肉、蔬菜等，幾乎適合所有食材，但必須先將食材切成容易入口的大小。另外，如果食材是生的，則不容易與醬汁結合，因此必須事先將食材煮熟，最後再用短時間將表面烤得香酥。

Point

2 表面上色，內餡加熱

焗烤料理一般都是直接上桌，因此最好能將表面烤出漂亮的顏色。在表面撒上麵包粉、奶油、乳酪，增添香氣與美味。焗烤除了是要將表面快速加熱之外，將已經熟的內餡與醬汁結合，讓味道融為一體也非常重要。

盤烤

Point

1 注意魚肉的厚薄

用盤烤烹調的食材由於是在高溫下短時間加熱，因此要切成薄片。然而，如果切得過薄則容易因為過熟而變得乾澀，但如果切得過厚又容易表面乾燥、燒焦或是半生不熟。因此必須根據食材切成適當的厚度。

Point

2 在魚肉上塗上油脂

盤烤由於是用高溫加熱，因此食材的表面容易因乾燥而變得乾澀。為了避免這樣的情形發生，必須事先在食材表面塗上油脂。由於是短時間高溫加熱，因此表面的油脂對於加熱也非常有幫助。另外，為了避免食材因黏在盤子上而散開，也可以在盤子上塗上油脂，或是鋪上不沾黏的烘焙紙。

滾煮

Point 1 利用沸騰帶出味道

138 頁的「馬賽魚湯（bouillabaisse）」，其名稱便是來自於「bouillir」。原本是將不能販賣的小魚放入大鍋中用海水熬煮而成的料理，語源是代表「沸騰後（將火）轉小」之意的普羅旺斯語。正如其意，烹調重點便是在利用沸騰帶出各種魚的鮮味。然而，過度沸騰會讓浮渣與湯汁混合，使得湯汁除了鮮味外還會出現其他雜味，因此等到出味後要將火稍微轉小，慢慢熬煮。

Point 2 用魚頭熬湯

在製作馬賽魚湯時，由於魚肉十分柔軟，如果長時間熬煮時容易散開且也會變得乾澀，喪失美味。這時可以使用充滿鮮味的魚頭熬湯，再用這個魚湯快速加熱魚肉，如此一來便可同時享受魚湯和魚肉的美味。為了不讓海鮮類的鮮味流失，盡量選擇帶骨或帶殼的海鮮。

〔滾煮〕比「pocher」的火力稍大

馬賽魚湯的重點在於如何帶出魚的鮮味。依照熬魚高湯的要領帶出魚的鮮味，同時也要撈取浮渣，保持液面比「pocher」烹調法時的滾動大，用稍強的火力加熱。

低溫烹調

Point 1 遵守加熱溫度

由於低溫加熱是用適當的火力加熱，因此遵守油、熱水、旋風烤箱的溫度是非常重要的一件事。另外，低溫烹調多半會利用真空烹調。真空烹調最大的優點在於由於使用真空包，因此食材本身的鮮味不會流失，只需要用少許的調味料或辛香料即可。另外也可以低溫加熱後保存，等到需要的時候再加熱。

〔低溫烹調〕不讓水分流失，保持軟嫩

油封（confit）是利用約 80℃ 的低溫油脂加熱。低溫烹調讓食材的水分不易流失，可以烹調出多汁柔軟的口感。然而，由於無法得到金黃色的酥脆外皮和香氣，因此做為補強，可以在上菜前放入烤箱或平底鍋將表面煎脆。

焗烤
通心麵
Macaroni au gratin

這道熱騰騰的焗烤通心麵
烤得顏色金黃，香氣逼人。
奶油白醬令人懷念的滋味和香氣，
包覆著通心麵、雞肉以及蕈菇。

材料（4人分）
短義大利麵（short pasta）＊1	150g
雞腿肉	200g
洋蔥（切成正方形薄片）	3/4 顆
蘑菇（切成薄片）	6 朵
白酒	60mℓ
奶油白醬 ＊2	800mℓ
荳蔻	適量
比薩用乳酪 ＊3	60g
奶油（切成小丁）	10g

◎鹽、胡椒、奶油

＊1 依照喜好使用通心麵等短義大利麵。
　　這裡使用的是筆管麵。
＊2 參照157頁。
＊3 依照喜好使用任何加熱後會融化的
　　乳酪。使用莫扎瑞拉乳酪或葛瑞爾
　　乳酪等也很美味。

烹調要點

1	將餡料切成容易入口的大小
2	將餡料調味後煮熟
3	義大利麵確實煮熟
4	用白醬稍微熬煮餡料，讓餡料入味
5	將餡料均勻鋪平
6	烤成美麗的金黃色

如果放入焗烤盤中的餡料沒有
鋪平，則放入烤箱後表面無法
均勻上色，有些部分還有可能
會烤焦。另外，如果醬汁沾到
器皿的外側則會烤焦，因此放
入烤箱前要擦拭乾淨。

作法

〔準備餡料〕

（1）去除雞腿肉多餘的脂肪和雞皮，切成約 2cm 容易入口的小塊，撒上鹽和胡椒。

（2）平底鍋加入適量奶油加熱，等到奶油稍微上色且氣泡變小後放入 1 的雞肉拌炒，讓雞肉上色。

（3）鍋內放入適量奶油加熱，拌炒洋蔥和蘑菇，用鹽和胡椒調味。

（4）將 2 的雞肉放入 3 的鍋中大致拌炒均勻，加入白酒。

（5）熬煮白酒，蒸發酒精成分。

（6）為了讓義大利麵更能吸收醬汁，將義大利麵放入加了鹽的大量熱水中，稍微煮熟一點。

〔焗烤〕

（7）5 的餡料與奶油白醬和義大利麵拌勻，稍微熬煮讓味道融合，用鹽、胡椒、荳蔻調味。放入塗上薄薄一層奶油的焗烤盤中，將餡料鋪平，如此才能均勻上色。撒上乳酪和切成小丁的奶油，放入 200℃ 烤箱內約烤 10 分鐘，直到呈現金黃色為止。

盤烤比目魚佐香草醬

Fine escalope de barbue au plat, sauce aux herbes

將切成薄片的比目魚
鋪在盤子上快速加熱。
搭配充滿蔬菜鮮味、
爽口且香氣四溢的香草醬一起享用。

材料（4 人分）

比目魚（魚肉）	480g
無水奶油 ＊1	40mℓ

醬汁

紅蔥頭（切碎）	60g
大蒜（切末）	10g
初榨橄欖油	50mℓ
番茄 ＊2	100g
奶油	5g
百里香葉	少許
月桂葉（切末）	少許
蔬菜高湯	150mℓ
┌ 白酒	300mℓ
水	150mℓ
洋蔥（切成薄片）	45g
紅蘿蔔（切成薄片）	30g
芹菜（切成薄片）	20g
韭蔥（白色部分切成薄片）	30g
大蒜（剝皮後輕輕拍碎）	½瓣
└ 香草束	1 束

檸檬奶油醬

┌ 奶油	60g
檸檬汁	15mℓ
└ 水	15mℓ
└ 細葉香芹	5g

◎鹽、胡椒

＊1　參照 172 頁。
＊2　番茄燙過後去皮（參照 171 頁），去
　　籽後大致切碎。

烹調要點

1	將比目魚斜切成薄片
2	盤子塗上無水奶油，將比目魚排放整齊
3	比目魚塗上無水奶油，快速加熱

▶▶

切成薄片的比目魚也要塗上無水奶油。這是因為比目魚很薄，為了避免放入明火烤箱後表面乾燥，所以必須塗上油脂。另外，塗上油之後比目魚也更快熟。

作法

〔製作醬汁〕

（1）製作蔬菜高湯。將所有的材料放入鍋中後開火。沸騰後轉小火，撈取浮渣。用維持液體表面微微滾動的火力熬煮。

（2）為了帶出蔬菜的風味，慢慢地熬煮至剩下約 1/3 量，再用極細圓錐形濾網過濾。蔬菜高湯就完成了。

（3）鍋內放入初榨橄欖油加熱，放入紅蔥頭和大蒜炒軟（suer），注意不要上色。

（4）鍋內放入奶油和番茄熬煮收乾水分，保留少許番茄的形狀。

（5）3 的鍋內加入 2 的蔬菜高湯、百里香、月桂葉、4 的番茄，用小火熬煮至剩下約一半量。

（6）製作檸檬奶油醬。鍋內放入檸檬汁和水開火加熱，沸騰後將火轉小。慢慢加入用手指按壓會留下痕跡的回溫軟奶油，用打蛋器攪拌，充分乳化。

（7）將 5 加入 6 的檸檬奶油醬中，充分攪拌均勻。

（8）加入細葉香芹拌勻，再用鹽和胡椒調味。

〔烤比目魚〕

（9）將切成 5 片去皮的比目魚肉（參照 167 頁）斜切成 2～3mm 的薄片。

（10）用刷子在盤子上塗上薄薄一層無水奶油。將 9 的比目魚排放整齊，表面撒上鹽和胡椒，再塗上無水奶油。用明火烤箱烤熟（約數十秒）。比目魚烤熟變白，但注意不要烤至上色。

〔盛盤〕

烤好的比目魚淋上 8 的醬汁。

馬賽魚湯
Bouillabaisse

這一道豪爽的海鮮料理是南法普羅旺斯的名菜。
各式各樣的海鮮搭配充滿海水香氣的高湯一起享用。
蒜味蛋黃醬和蒜味辣椒醬發揮了提味的角色。

材料（4 人分）

岩礁魚類 *1	2.4kg
小龍蝦（40〜50g）	8 尾
番紅花（醃漬用）*2	少許
淡菜	16 個
洋蔥（切成薄片）	180g
紅蘿蔔（切成薄片）	100g
韭蔥（白色部分切成薄片）	180g
球莖茴香（切成薄片）	180g
大蒜（剝皮後輕輕拍碎）	2 瓣
白酒	400㎖
茴香酒	100㎖
全熟番茄 *3	300g
番茄泥	50g
魚高湯	約 4 ℓ
香草束	1 大束
乾燥的橘皮、小茴香籽	各少許
番紅花 *2	1g
蒜味蛋黃醬	
┌ 蛋黃	1 顆
│ 大蒜（磨成泥）	4g
│ 水	少許
│ 橄欖油	75㎖
└ 初榨橄欖油	75㎖
大蒜麵包	8 片
蒜味辣椒醬 *4	適量

◎橄欖油、鹽、胡椒

*1　這裡使用的是牛尾魚、小銀綠鰭魚、褐菖鮋、鮟鱇魚、無備平鮋。參照 165 頁，去除魚鰭、魚鱗、內臟、魚頭，用水清洗乾淨後擦乾。魚頭切成適當大小。

*2　番紅花放入烤箱烤乾後揉散。

*3　帶皮去籽大致切碎。

*4　紅色蒜味蛋黃醬的材料和作法參照 140 頁。

烹調要點

1	使用各種不同的魚
2	將香味蔬菜炒軟
3	充分拌炒魚頭
4	加入魚高湯慢慢熬煮，帶出魚的鮮味
5	用絞碎器（moulin à légume）絞碎並過濾食材
6	用湯汁煮魚

為了讓魚湯喝起來更有深度，最好使用各種不同的魚。為了讓魚更容易出味，必須選擇新鮮的魚，並且切成適當的大小。

在熬煮魚高湯的時候如果將魚肉放入一起熬煮，則魚肉會因過熟而變得乾澀，且吃起來沒有味道。因此，將魚肉取出備用，再熬好的高湯將魚肉煮熟，則可同時享受到美味的高湯和魚肉。

作法

〔準備海鮮類〕

（1）將小龍蝦縱切為 2。

（2）去除腸泥和砂袋，擦乾水分，用少許番紅花和適量橄欖油醃漬 20～30 分鐘。

（3）小條的魚不須切割，大條的魚則根據容器大小切成適當大小。撒上少許鹽和胡椒，加入番紅花和橄欖油 150mℓ，包上保鮮膜，醃漬 20～30 分鐘。

〔製作魚湯〕

（4）鍋內放入橄欖油 100mℓ 加熱，放入洋蔥、大蒜、韭蔥、球莖茴香、大蒜拌炒（suer），不要上色。

（5）等到蔬菜炒軟之後，加入切成大塊的魚頭。由於魚頭會出水，因此開大火拌炒。

（6）與蔬菜拌炒，直到魚頭熟透為止。

（7）等到魚頭熟透變色後，加入茴香酒將酒精成分蒸發，加入白酒，熬煮至剩下一半量。

（8）加入番茄、番茄泥。

（9）加入魚高湯，開大火煮滾。

（10）沸騰後將火轉小，撈取浮渣。

（11）加入香草束、橘皮、小茴香籽、番紅花。加入鹽和胡椒，但考慮到之後會加入撒了鹽的魚肉和貝類，這裡不要過度調味。

（12）用稍強的火熬煮約 30 分鐘。長時間熬煮反而會煮出澀味，必須特別注意。

（13）取出香草束，用絞碎器絞碎食材同時過濾，之後再將湯汁倒回鍋中。

〔加熱海鮮類〕

（14）將 13 的湯汁加熱至沸騰，撈取浮渣。

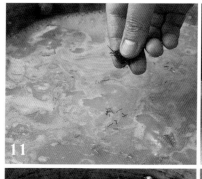

（15）放入醃漬過的魚、小龍蝦，以及處理過的淡菜（參照168頁）加熱。依照食材熟的順序取出，蓋上鋁箔紙，放在溫暖的地方保溫。

（16）用極細圓錐形濾網過濾湯汁，確認味道後再用鹽和胡椒調味。

〔製作蒜味蛋黃醬〕

（17）蛋黃、大蒜、少許水攪拌均勻，用鹽和胡椒調味。混合橄欖油和初榨橄欖油，慢慢倒入，用打蛋器充分攪拌乳化。

〔盛盤〕

將魚、小龍蝦、淡菜盛盤，淋上少量魚湯。魚湯、蒜味蛋黃醬、蒜味辣椒醬、大蒜麵包另外盛盤。

蒜味辣椒醬（rouille）

這是馬賽魚湯或其他魚類料理的佐醬。「rouille」在法文代表「生鏽」之意，這也為什麼這個佐醬是紅色的由來。

材料

馬鈴薯：	150g
（削皮用鹽水煮熟）	
紅椒：	20g
（烤過後去皮）	
大蒜（磨成泥）：	6g
魚湯：	80～100㎖
（參照作法13）	
橄欖油：	50㎖
卡宴辣椒粉：	少許
鹽、胡椒：	各少許

作法

① 將水煮熟的馬鈴薯、紅椒、鹽、胡椒、大蒜、魚湯混合後放入果汁機，攪打成泥狀。

② 慢慢加入橄欖油，繼續用果汁機攪打乳化，最後再用卡宴辣椒粉調味。

油封鴨腿

Confit de canard
aux pommes sautées
à la lyonnaise

這是用加了香草的粗鹽醃漬，
再用低溫油脂
慢慢加熱烹調而成的鴨腿肉。
這道料理原本的用意是作為
長久保存的食品。
淡淡的鹽味加上鵝脂肪的鮮味，
溫度和時間孕育出了美味。

材料（4 人分）
鴨腿肉（250g） ……………………… 4 隻
醃漬鹽
┌ 粗鹽 …………………………………1kg
│ 百里香葉 ……………………………1 撮
│ 月桂葉（撕碎）………………………1 片
│ 黑胡椒粒 ……………………………2g
└ 丁香 …………………………………5 顆
鵝油 * …………………………………適量
里昂風味炒馬鈴薯
┌ 馬鈴薯（切成 5mm 圓片）……500g
│ 洋蔥（切成薄片）…………………150g
│ 大蒜（切末）……………………… 1 瓣
└ 巴西里（切末）………………………適量
◎沙拉油、奶油、鹽、胡椒
* 鍋子大小不同則用量也不相同，但需
   要可以蓋鍋鴨腿肉的量。

烹調要點

1	用皮將肉捲起來
2	鴨腿肉用鹽醃漬 24 小時
3	水分確實擦乾後再放入油脂中
4	放在 80℃的鵝油中加熱
5	用平底鍋上色

將粗鹽洗去後確實將水分擦
乾。水分會讓油脂氧化，造成
劣化。

用溫度計確認油溫，確實維持
油脂在 80℃的情況下加熱。由
於是低溫加熱，因此鴨肉會慢
慢且溫和地熟透。也因為這樣
才可以烹調出柔軟濕潤的口
感。

作法

〔準備鴨腿肉〕

（1）拔去鴨腿肉上殘留的鴨毛。

（2）盡量將鴨腿肉拉直。

（3）用鴨皮將紅肉部分捲起來。這是為了預防鴨肉直接接觸鹽，讓鹹味更均勻的步驟。

〔鹽漬鴨腿肉〕

（4）混合醃漬鹽的所有材料，充分拌勻。用粗鹽醃漬是因為粗鹽不容易溶解，可以慢慢地滲入鴨腿肉當中。

（5）調理盤鋪上醃漬鹽，放上鴨腿肉，上面再蓋上醃漬鹽。鴨腿肉交錯擺放，中間不要留空隙。

（6）這是用鹽覆蓋的狀態。蓋上保鮮膜，放入冰箱醃漬 24 小時。鴨腿肉滲出的水分將少許的鹽溶解是最理想的狀態。

（7）將表面的鹽洗掉。

（8）放在流動的水下沖洗 30 分鐘～1 小時，洗去鹽分。如果是泡在水裡，則必須時常換水。

〔油封鴨腿〕

（9）將水分擦乾，放入剛好蓋過鴨腿的鵝油中。開火，保持油溫在 80℃，用小火約煮 3 小時。由於油溫很容易就上升，必須特別留意，不要讓鴨肉上色。等到鴨肉很容易就可以骨肉分離的柔軟度後關火，放在油脂中降溫。

8

13

9

14

〔保存油封的方法〕

（10）將9煮熟的鴨腿肉放入保存容器中。撈取上層油脂，用廚房紙巾過濾後倒入，剛好蓋過鴨腿肉。

（11）在這樣的狀態下冷藏可以保存1週至10日左右。

10

15

〔炒馬鈴薯〕

（12）馬鈴薯泡水後將水分擦乾。

（13）平底鍋內放入適量沙拉油加熱，放入馬鈴薯，炒至熟透。從上色的馬鈴薯開始依序起鍋，將油瀝乾。

（14）平底鍋內放入奶油和適量沙拉油，放入洋蔥拌炒。等到洋蔥稍微上色後加入炒過的馬鈴薯和大蒜，稍微拌炒。用鹽和胡椒調味，撒上巴西里。

11

〔烤油封鴨〕

（15）取出所需的油封鴨，擦去油脂後放入焗烤盤中。

（16）放入160℃烤箱內加熱10分鐘回溫。

（17）平底鍋內放入適量鵝油加熱，將鴨腿皮煎香上色。反面僅需微煎回溫即可。

12

17

〔盛盤〕

將油封鴨和炒馬鈴薯盛入盤中。

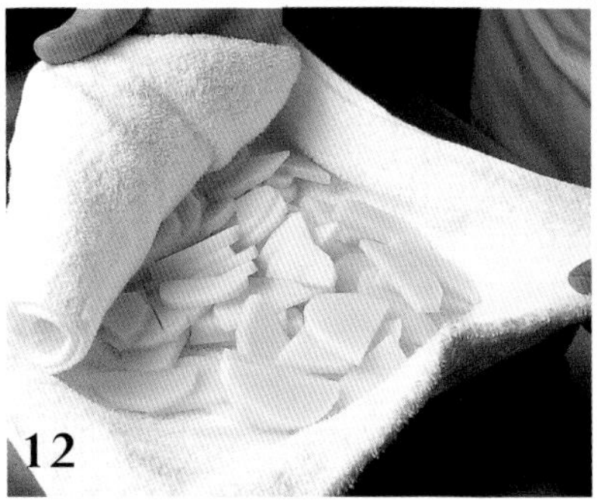

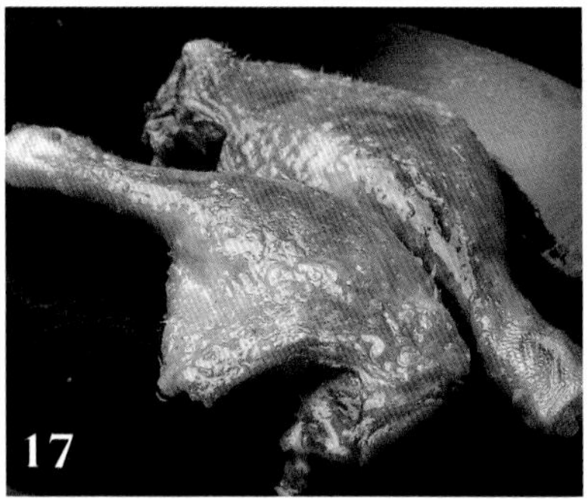

真空包裝醃漬後再用低溫加熱。
烹調出的小羊菲力非常柔軟多汁，
呈現粉紅色。
表面煎成金黃色，再搭配色彩繽紛的
南法蔬菜一起享用。

材料（4人分）

小羊菲力（約170g）＊1	2塊
大蒜（剝皮後輕輕拍碎）	1瓣
紅蔥頭（切成薄片）	1顆
迷迭香、義大利巴西里	各適量
橄欖油（醃漬用）	50㎖

配菜

朝鮮薊 ＊2	小2顆
小洋蔥	4顆
櫛瓜	½根
黃椒	½顆
百里香、大蒜（切成薄片）	各適量
雞高湯	適量
綠蘆筍	8根
茄子（切成2cm圓片）	適量
羅勒葉	4片
油封番茄	4片
番茄	1顆
百里香、大蒜	各適量
砂糖、橄欖油	各適量

醬汁

小羊的碎肉和骨頭1塊鞍下肉的分量	
紅蔥頭（切碎）	50g
白酒	50㎖
牛高湯	250㎖
百里香、大蒜	各適量

◎沙拉油、橄欖油、鹽、胡椒、油炸用油、初
榨橄欖油、結晶鹽、黑胡椒粒

＊1　從鞍下肉取出（參照164頁）。
＊2　帶莖取出芯（參照171頁），在生的
　　　情況下去除纖毛。

尼斯風味
低溫烹調小羊菲力

Filet d'agneau cuit à basse température aux légumes niçois

烹調要點

1	將肉和香草、調味料一起放入真空包裝醃漬
2	低溫加熱時用溫度計確認肉的中心溫度
3	將肉的表面煎至金黃色
4	稍加靜置，讓肉汁回流

▶▶

低溫加熱後通常不需要靜置，
然而這道料理由於會將表面煎
至金黃色，因此需要稍加靜置。
由於中心部位已經呈現粉紅
色，因此不需要利用餘溫加熱。

作法

〔醃漬小羊〕

（1）去除小羊菲力的脂肪和筋（參照 164 頁）。連同大蒜、紅蔥頭、迷迭香、義大利巴西里、橄欖油一起放入真空調理用的袋子內。

（2）脫氧形成真空，放入冰箱醃漬約 1 小時。

〔製作醬汁〕

（3）將小羊的碎肉和骨頭切成小塊，用適量的沙拉油炒至上色。等到上色後起鍋，將油瀝乾。

（4）丟棄鍋內多餘油脂，加入紅蔥頭炒軟（suer）。加入白酒，溶解附著在鍋底的精華（déglacer）。

（5）將 3 放回 4 的鍋內。

（6）加入牛高湯，沸騰後將火轉小，撈取浮渣。

（7）加入百里香、大蒜，一邊撈取浮渣，一邊熬煮。

（8）熬煮至快要收乾，精華全部濃縮在湯汁中的狀態。

（9）用極細圓錐形濾網過濾，再度熬煮，讓湯汁變得濃稠。

（10）最後一邊用打蛋器攪拌，一邊加入初榨橄欖油，增添風味和香氣（monter）。

〔製作配菜〕

（11）鍋內放入適量橄欖油、百里香、大蒜爆香。

（12）加入切成容易入口大小的朝鮮薊、小洋蔥、櫛瓜、黃椒，稍微拌炒後加入適量雞高湯，蓋上鍋蓋，用小火燜煮至軟嫩（étuver）。

（13）削去蘆筍下半段的皮，用鹽水煮熟，在盛盤前加入 12 煮熟的蔬菜中，加熱回溫。茄子、羅勒葉用約 140℃的油炸，撒上鹽。

（14）製作油封番茄。番茄燙過後去皮（參照 171 頁），切成 4 等分後去籽。放在烘焙紙上，撒上鹽、胡椒、砂糖、百里香、大蒜，淋上適量橄欖油。

（15）放入 80℃烤箱內烤 2～3 小時，將水分烤乾。

〔低溫加熱羊肉〕

（16）將溫度計插入醃好的羊肉，以便測量中心溫度。為了避免液體外流，用橡皮筋綁住後再用膠帶固定。

（17）加熱至肉的中心溫度到達 57℃為止（用旋風烤箱加熱時的溫度是 65℃，約烤 20～25 分鐘，也可以隔水加熱）。

〔煎肉表面〕

（18）將肉從真空袋取出，擦乾水分。

（19）撒上鹽和胡椒，放入加了適量橄欖油加熱的平底鍋內，用大火將肉的表面煎至金黃色。

（20）靜置在溫暖的地方，讓肉汁回流。

〔盛盤〕

將色彩繽紛的蔬菜盛盤，淋上少許初榨橄欖油。分切 20 的羊肉盛盤。肉上面撒上少許結晶鹽和黑胡椒粒，淋上醬汁。將剩下的醬汁放入醬料杯中一起上桌。

食材與調味料

美味料理的原點首先是食材。
接下來是雕琢食材的調味料。
下面介紹以前幾章的料理所使用的食材和調味料為中心，
介紹法國料理常見的香草和香料等。

這些是用來為料理或醬汁增添香氣的植物，
風味十分溫和。
主要使用的是植物的葉子和莖部，
可分為新鮮和乾燥的香草。

義大利巴西里
persil plat

是巴西里的一種，屬於葉子扁平的種類，苦味比巴西里少，吃起來更爽口。使用方式與一般的巴西里相同，切碎後撒在料理上，或是油炸後放在料理旁裝飾。

龍蒿
estragon

又稱作「tarragon」，是與艾草同屬於菊科的植物。香氣清爽，可以將新鮮的龍蒿泡在醋當中製作成風味醋使用，或是將葉子切碎後加入各種醬汁中使用。與雞肉料理十分搭配。

奧勒岡葉
origan

這是原產於地中海沿岸的唇形科植物。吃起來有一股如樟腦般的芳香和些微的苦味。與番茄十分搭配。義大利料理、普羅旺斯料理等經常使用奧勒岡葉。

蝦夷蔥
ciboulette

又稱作「chives」，雖然是蔥的一種，但香氣較蔥溫和。可以將蝦夷蔥切碎後加入蛋包飯中，或是撒在湯品上等。穗尖則可以用來裝飾，為料理增色。

鼠尾草
sauge

唇形科植物，與一串紅屬於同類。新鮮或乾燥後使用。香氣濃，與脂肪多的食材十分搭配，可以用來去除豬肉的腥臭味，或是為野味、豆子料理等增添香氣。

細葉香芹
cerfeuil

又稱作「chervil」。與義大利巴西里相似，但葉子更小，香氣更細緻。嫩葉用來裝飾，為料理增色。是綜合香草中不可缺少的一種香草。

百里香
thym

這是原產於地中海沿岸的唇形科植物。百里香就算加熱，香氣也不容易散去，是非常容易使用的香草。與巴西里和月桂葉等同為香草束的材料之一。

蒔蘿
aneth

這是傘形科植物。多半用來醃漬鮭魚或鯡魚等魚類料理，或是用來為醋、醬瓜等增添風味，與馬鈴薯也十分搭配。蒔蘿的種子也可以用來當作香料使用。

羅勒
basilic

這是原產於印度的唇形科植物，又稱作「basil」。與番茄十分搭配，是義大利料理不可或缺的香草之一。多半用來製作湯品或是義大利麵的醬汁，同時也是青醬的主要材料。

薄荷
menthe

這是被稱作「mint」的香草，吃起來十分清涼。薄荷共有大約25種不同的種類，照片是綠薄荷（spearmint）。也可以用來製作酒品、香草茶，或是甜點。

月桂葉
laurier

這是月桂樹的葉子，又稱作「laurel」或是「bay leaf」。一般為乾燥後使用，放入醬汁、湯品、燉菜或燉肉等需長時間加熱的料理中效果更好，在香草束中亦不可或缺。

迷迭香
romarin

這是唇形科的常綠樹，香氣帶有些微苦味和清涼感，與烤或燉小羊、豬肉、兔子等十分搭配。由於香氣強烈，使用時必須注意份量。

普羅旺斯香草
herbes de Provence

代表來自普羅旺斯的香草，混合了百里香、鼠尾草、月桂葉、香薄荷、迷迭香、小茴香籽等香草，可以用來為肉品基礎調味。

綜合香草
fines herbes

一般指的是將巴西里、細葉香芹、龍艾、蝦夷蔥切碎後混合而成的香草。香草種類和配方可以依照使用目的改變。多半用來為醬汁增添香氣與色彩。

香草束
bouquet garni

這是用來為高湯、醬汁、燉煮料理增添香氣的香草束。用小韭蔥的綠色部分包裹百里香、月桂葉、巴西里的莖部而成（參照172頁）。

香料

épices

這是用來為料理增添香氣、
風味以及色彩的芳香性植物。
主要使用種子皮、根、樹皮、花等。

anis

大茴香籽

這是傘形科植物的種子。最大的特徵是甜甜的香氣,可以用來製作海鮮料理、麵包,或是茴香酒等充滿風味的香料酒。

poivre de Cayenne

卡宴辣椒粉

這是將辣味重的小型紅辣椒乾燥後研磨製成的辣椒粉,可以用來帶出甲殼類的甜味。加一點在荷蘭醬或是蝦蟹醬中,則有畫龍點睛的效果。

cumin

孜然

這是傘形科植物的種子,具有獨特的強烈香氣和淡淡的苦味以及辣味。印度和中近東的料理經常使用孜然。孜然同時也是咖哩粉香氣的主要成分之一。

clou de girofle

丁香

日文稱作「丁子」,原產於摩鹿加群島,是桃金孃科丁香花的花蕾,味道十分強烈,甜味中帶有刺激性的氣味。與肉類料理非常搭配。

poivre

胡椒

黑色胡椒是全熟之前連皮一起乾燥,白色胡椒則是全熟之後去皮乾燥製成。黑色胡椒的香氣和辣味最強,綠色胡椒的風味則最溫和。粉紅色胡椒則是另一種胡椒樹的果實,可以用來增色。

coriandre

芫荽籽

這是傘形科植物香菜的種子。強烈甜美的香氣是咖哩粉中不可或缺的香料,還可以用來為醬菜和肉類料理增添香氣。香氣濃烈的嫩葉可以用來當作香草使用。

safran

番紅花

番紅花雌蕊乾燥後製成,鮮豔的黃色和濃烈的香氣是最大的特徵。將番紅花泡在冷水或熱水中帶出色澤和香氣,可以用來製作海鮮湯、西班牙海鮮飯或是燉飯等。

cannelle

肉桂

原產於斯里蘭卡,是樟科常綠樹的樹皮,清涼中帶有些許的辣味和甜味。肉桂可以用來製作甜點,與洋梨和蘋果十分搭配。

baie de genièvre

杜松子

這是柏科杜松的果實。香氣與松樹十分類似,含有些許的苦味和辣味,與野味料理和德國酸菜十分搭配。

muscade

肉豆蔻

這是肉豆蔻科常綠樹的種子。由於磨成粉末後香氣立刻就會散去,因此多半在使用前才磨碎。肉豆蔻與馬鈴薯和乳製品十分搭配。另外,肉豆蔻與漢堡排等絞肉料理也十分搭配。

paprika

辣椒粉

這是辣味溫和的紅辣椒的粉末。除了增添溫和的辣味之外,也可以為料理增添美麗的紅色。是製作匈牙利燉牛肉時不可或缺的香料。

fenouil

小茴香籽

這是傘形科植物的種子,有著如樟腦般的香氣和輕微的苦味。與魚料理十分搭配,是製作馬賽魚湯時不可或缺的香料。

quatre-épices

四香料

這是混合四種香料粉末而成的綜合香料,包括白胡椒、肉桂、肉豆蔻以及丁香。可以為肉凍、肉泥、火腿、香腸等增添風味。

調味料

condiments

遵循傳統製法製成的調味料、
與土地緊密結合的調味料等,酒、油、醋等
各種不同的調味料,
用各自獨特的風味相互較勁。

vermouth

苦艾酒

這是白酒加入苦艾等數十種藥草所製成的酒,與魚、雞、小牛的胸腺等十分搭配,可以用來製作湯汁和醬汁。烹調適合使用辛口的苦艾酒。

calvados

卡巴杜斯蘋果酒

這是將蘋果酒(蘋果發酵後製成的果實酒)蒸餾後所製成的水果白蘭地。經常用來製作諾曼第地方的料理和加了蘋果的甜點。

cognac

干邑白蘭地

這是產於法國南西部干邑地區的白蘭地。白酒蒸餾後放入橡木材質的酒桶中熟成。可以用來醃漬或火燒為料理增添風味,也可以用來製作甜點。

雪莉酒 *xérès*

這是產於西班牙而加強葡萄酒。葡萄酒發酵後加入白蘭地所製成。烹調適合使用辛口的雪莉酒，用來為醬汁或濃湯增添風味。

茴香酒 *pastis*

這是用大茴香和甘草增添風味製成的酒。甜味少，酒精濃度高。經常用來製作地中海料理，是馬賽魚湯不可或缺的調味酒。

波特酒 *porto*

這是產於葡萄牙的加強葡萄酒，在發酵的途中會加入白蘭地。烹調時多半使用紅色的紅寶石波特酒，用來為肉凍、醬汁、燉煮料理燈添風味。

馬德拉酒 *madere*

這是產於非洲、摩洛哥沿岸馬德拉群島的加強葡萄酒。擁有甜味和焦香，可以為燉煮料理和醬汁增添風味，使用方式與波特酒相同。

初榨橄欖油 *huile d'olive vierge extra*

這是榨取橄欖果實所取得的橄欖油當中，未精緻酸價低於0.8%的橄欖油。橄欖特有的風味濃烈。

鵝油 *graisse d'oie*

這是取自為了鵝肝而飼養的肥鵝的油脂，鴨油也是同樣。可以用來油封或是製作肉醬（rillettes）。

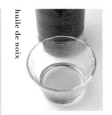

核桃油 *huile de noix*

這是壓榨核桃果實所取得的油。顏色呈現淡黃色，擁有獨特的芳香，可以加入油醋醬中增添風味。另外還有從榛果取得的油，使用方式相同。

葡萄籽油 *huile de pépin de raisin*

這是壓榨葡萄籽所取得的油，是葡萄酒的副產品。沒有特殊的風味，在法國被廣泛地使用，與花生油同樣是非常普遍的油。

花生油 *huile d'arachide*

這是從花生榨取的油。由於高溫且風味較和，與沙拉油同樣，可以用於各種料理。

葡萄酒醋 *vinaigre de vin*

這是葡萄酒製成的醋。清爽的白酒醋可以製成油醋醬等。紅酒醋帶有澀味和韻味，可以讓燉煮料理的味道更有深度。另外還有用香檳製成的醋。

雪莉醋 *vinaigre de xérès*

這是以雪莉酒為原料製成的醋。放在酒桶裡熟成，含有韻味和溫和的酸味。可以用來為油醋醬增添風味。

巴薩米克醋 *vinaigre balsamique*

這是義大利摩典那地方特產的傳統醋。熬煮葡萄汁之後放入木桶中長時間發酵、熟成。擁有芳醇的香氣、甜味，以及溫和的酸味。

第戎芥末醬 *moutarde de Dijon*

又被稱作「法式芥末醬」。芥菜的種子混合葡萄酒或醋等後研磨過濾製成。比起顆粒芥末醬，風味更佳濃郁，吃起來也更辣。

顆粒芥末醬 *moutarde à l'ancienne*

芥菜的種子混合葡萄酒或醋等後研磨，留下部分種子。比起泥狀的第戎芥末醬，風味較為溫和。巴黎近郊的莫城是著名的產地。

結晶鹽（天然海鹽） *fleur de sel*

這是海水自然乾燥後得到的最初的鹽的結晶。法文稱作「fleur de sel」，布列塔尼的蓋朗德是著名的產地。礦物質濃縮，含有甜味，口味溫和。

食材
produits

現在愈來愈容易可以買到法國料理經常使用的食材。下面介紹本書使用的各種食材。

朝鮮薊 *artichaut*

花蕾厚實的苞片和花托（芯）是可食用的部分。味道微苦，有淡淡的甜味，煮熟之後的口感綿密。

菊苣 *endive*

遮光栽培菊科植物的根，使嫩芽堅硬結球。又稱作「chicory」。獨特的淡淡苦味受人歡迎，切碎後製成沙拉生吃，或是整顆焗烤也很美味。

鯷魚（油漬） *filet d'anchois à l'huile*

這是鯷魚鹽漬後發酵熟成，去骨切片後再油漬而成的加工品。多半用來做為三明治或開胃菜的調味料使用。另外也有磨成泥的產品。

149

紅蔥頭
échalote

這是蔥科植物的鱗莖，有如小型的洋蔥，又稱作「belgium shallot」，味道比洋蔥更為細膩。多半切成薄片或小丁當作香味蔬菜使用。

橄欖
olive

這是橄欖樹的果實，含有苦味成分。不能生吃，必須經過泡鹽水等加工手續。未成熟時收成的是綠橄欖，成熟後收成的則是黑橄欖。

酸豆
câpre

這是將地中海沿岸山柑科的蔓性灌木的花蕾用醋或鹽醃漬所製成。可以當作煙燻鮭魚的調味料，或是切碎後為醬汁增添風味。顆粒小的酸豆品質佳。

醃黃瓜
cornichon

使用的是一種小型的黃瓜。成熟前便進行採收，再用白酒醋等醃漬，又稱作「pickles」。可以當作肉凍等地配菜，或是切碎後加入美乃滋等醬汁中增添風味。

櫛瓜
courgette

屬於南瓜的一種，有黃皮和綠皮兩種，適合生吃。早收帶花的櫛瓜可以將櫛瓜花油炸或是鑲入內餡後蒸煮。

塊根芹
céleri-rave

芹菜的一種，屬於根部肥大的變種，食用的是根部。香氣與芹菜相似，剝去厚厚一層皮後製成沙拉生吃，或是水煮後打成泥食用。

球莖茴香
fenouil

這是傘形科的植物，屬於當作香味使用的茴香的變種，又被稱作「florence fennel」。可食用的是肥大的基部。香氣與大茴香相似，與魚非常搭配。

甜菜根
betterave

屬於藜科甜菜的一種。外型與蕪菁相似，一直到中心部位為止都呈現深紅色。可以連皮一起水煮後製成沙拉，或用醋醃漬後食用，是俄羅斯羅宋湯不可缺少的食材。

肥肝
foie gras

這是法國料理的高級食材之一。強行餵食鵝或鴨大量的飼料（gavage），取用因此肥大的肝臟。可以製成肉凍，或是煎過後食用。

韭蔥
poireau

又被稱作「leek」。白色部分加熱後食用。加熱後味道會變得甜美。除了可以製成各式各樣的料理之外，也可以當作香味蔬菜使用。綠色的部分則可以當作香草束使用。

小韭蔥
jeune poireau

趁著韭蔥還很細的時候收成，沒有特殊的嗆味，多半食用綠色部分。

辣根
raifort

這是十字花科植物的根，又被稱作「horseradish」，有如芥末般的辣味是最大的特徵。磨碎之後可以當作烤牛肉的沾醬，或是與鮮奶油混合當作醬汁使用。

黑喇叭菇
trompette-de-la-mort

雞油菌科的蕈菇，顏色呈現黑色或是灰色。蕈傘有如喇叭一般綻開。肉質堅硬，香氣高。市面上可以買到法國進口的新鮮、冷凍以及乾燥的黑喇叭菇。

蘑菇
champignon

也就是「mushroom」。這是世界是最廣泛被栽種的蕈菇。顏色有白色和褐色兩種。肉質厚實有口感，風味樸實。可以當作沙拉生吃，也可以煮或清炒後當作配菜。

雞油菇
girolle

這是在法國非常受歡迎的雞油菌科蕈菇。由於有著如杏桃般的香氣，日文又稱作「杏桃菇」。顏色偏橘，肉質厚且緊實。可以清炒或是加入歐姆蛋中享用。

牛肝菌
cèpe

日文稱作「山採茸」，義大利文則稱作「porcino」，屬於牛肝菌科的蕈菇。香氣高，味道佳。蕈傘大，蕈軸粗，肉質厚實。炒或用奶油燉煮享用。

松露
truffe

這是藏在地底、蕈傘和蕈軸皆是黑色的塊狀蕈菇。擁有獨特的香氣，是被稱作「黑色鑽石」的高級食材。晚秋至冬天是盛產的季節。除了新鮮的松露之外，也有罐頭或瓶裝製品。

松露汁
jus de truffe

這是將松露裝瓶或裝罐加熱後所產生的液體。由於充滿了松露的香氣，因此可以用來為料理增添風味。

紫香菇
pied-bleu

屬於紫丁香蘑的一種。正如「青色菌軸」的法文名稱一般，菌軸呈現淡淡的青紫色。非常柔軟，加熱後風味更佳，可以炒過後享用。

羊肚蕈
morille

日文稱作「amigasatake」。蕈傘上有許多如蜂巢般的小孔。春天採收，風味佳，很少有新鮮的羊肚蕈，多半都是乾燥品。炒或用奶油燉煮，也可以當作內餡使用。

法國料理的高湯

對於法國料理來說，高湯是一切的基礎。熬煮和使用高湯的方式，大大地左右了料理的美味程度，也影響了菜餚的價值。

為了打好基礎，根據目的搭配肉、骨頭、雞骨架，以及魚骨、香味蔬菜、辛香料、香草等，一邊撈取浮渣，一邊悉心熬煮。

高湯大致可以分成兩類。其一是當作濃湯（湯品）基底的「bouillon」，另一種則是用來製作醬汁或是燉煮料理的「fond」（如果是魚高湯的話則稱作「fumet」）。「bouillon」可以用來製作各式各樣的湯品，多半使用牛和雞一起熬製而成，而「fond」多半是分別熬煮食材，根據不同的料理使用不同的「fond」。

除了「bouillon」和「fond」之外，另外也有用「fond」代替水，短時間熬煮而成的「jus」、用蔬菜熬煮而成的「court bouillon」、「nage」、「bouillon de legumes」等，各種不同風味的高湯，應用在不同的料理上。

熬煮高湯的要點

最佳的「bouillon」或「fond」是材料的肉、骨頭、蔬菜所帶出的鮮味在一個平衡的狀態下融為一體，而且味道清澈，沒有任何的雜質。下面介紹熬煮美味高湯的要點。

1 使用新鮮的材料

這是通用於每一種高湯的要點，尤其是容易產生魚腥味的魚高湯（fumet de poisson），一定要選用新鮮的食材。

2 準備適當的材料和量

高湯必須熬煮一定的量才容易出味。另外，為了讓食材更容易出味，必須使用大且深的鍋具，在水分蓋過食材的狀態下熬煮。

3 用小火長時間熬煮

就好像慢慢地從食材中抽取精華一般，沸騰之後轉小火，維持表面靜靜滾動的狀態下熬煮。如果表面激烈滾動，則浮渣和油脂等雜質會讓高湯變得混濁。

4 仔細撈取浮渣和油脂

在熬煮的過程當中，仔細撈取浮渣和油脂。唯有不斷地撈取雜質，才有可能熬出清澈爽口的高湯。

5 不蓋鍋蓋

如果蓋上鍋蓋，則肉和骨頭的臭味會悶在鍋內，熬出的高湯就會有一股惱人的異味。為了讓臭味可以揮發，熬煮的時候不要蓋上鍋蓋。

6 慢慢收乾後加入熱水

由於高湯經過長時間熬煮，因此水分會漸漸收乾。如果水分過少則食材無法出味，因此等到水分變少後加入熱水，隨時維持食材浸泡在水分之下的狀態。

7 熬好的高湯後立刻冷卻保存

為了避免細菌繁殖，高湯熬好之後立刻放在冰水上迅速冷卻後保存。

肉汁清湯
bouillon

這是當作濃湯或清湯基底的高湯。將牛腱肉、骨頭、雞架與香味蔬菜一起熬煮數小時，抽取食材的精華。如果用來當作濃湯的湯底，可以使用熬煮時間較短的高湯，如果是清湯，則可以用經過長時間熬煮，味道更加有深度的高湯。

Ⓐ

❶

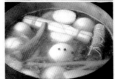

❷

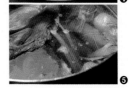

❸

❹

❺

材料（10 ℓ分）

材料	份量
牛腱肉 ＊1	4kg
牛腱骨 ＊1	2kg
老母雞（去除內臟）	1隻
雞架（加上老母雞）	4kg
水	13 ℓ
洋蔥	800g
紅蘿蔔（對半縱切）	800g
芹菜	300g
韭蔥 ＊2	250g
大蒜（帶皮）	4瓣
丁香	4顆
香草束	1束
┌ 巴西里的莖部	10根
│ 百里香	2根
└ 月桂葉	1片
白胡椒粒	5g

＊1 將牛腱骨切成適當的大小。牛腱肉去除多餘的脂肪後用繩子綁緊（照片A）。

＊2 用繩子綁好，預防韭蔥散開。

作法

❶ 去除雞架上殘留的內臟和多餘的脂肪，切成2～3塊，用水清洗乾淨。去除老母雞的頭和雞爪，從背面切成兩半，與雞架相同，用水沖洗乾淨。

❷ 洋蔥對半切，上面插上丁香。

❸ 將牛腱肉、牛腱骨、老母雞、雞架放入大的鍋子內，加水。一開始用大火煮至沸騰，等到出現浮渣後轉小火，將浮渣撈取乾淨。

❹ 加入剩下的所有材料，開大火，等到接近要沸騰的時候轉小火。調整火力，保持液面靜靜滾動的狀態熬煮4～6小時。過程中不斷地撈取浮渣和油脂，水分減少後要記得補充熱水。

❺ 照片是熬好的高湯。用極細圓錐形濾網靜靜地過濾，不要讓湯變濁。再度開火加熱，沸騰後撈取浮渣，關火後迅速冷卻。

高湯
fond

這是製作燉煮料理或醬汁時的基底高湯。配合料理的主食材，一般肉類料理會使用「小牛高湯（fond de veau）」、雞肉料理使用「雞高湯（fond de volaille）」、野味料理使用「野味高湯（fond de gibier）」、魚類料理則使用「魚高湯（fumet de poisson）」。

基本上分成兩種，一種是將肉、骨頭、香味蔬菜煎或炒至上色後熬煮而成的褐色高湯，另一種則是從生食材直接加水熬煮而成的未上色高湯（白色高湯）。希望呈現褐色的料理或醬汁使用褐色高湯，希望呈現白色的料理或醬汁則使用白色高湯製作。

雞高湯（→）
fond de volaille

這是用老母雞或雞架與香味蔬菜一起熬煮而成的白色高湯。骨頭和蔬菜都不先煎過，在生的狀態下加水長時間熬煮。顏色和味道都很清淡，風味上也沒有特殊的異味。除了雞肉料理之外，雞高湯也可以代替「bouillon」當作濃湯的基底，也可以用在蔬菜料理上。

小牛高湯（153頁）
fond de veau

這是將煎過的小牛骨頭、牛腱肉、炒過的香味蔬菜一起加水熬煮而成的褐色高湯。含有豐富的膠質，充滿了肉和骨頭的鮮味，味道非常有深度。多半用來當作肉類料理醬汁的基底。

魚高湯（153頁）
fumet de poisson

這是用牛舌魚等沒有特殊風味的白肉魚魚骨和香味蔬菜，在短時間內熬煮而成的白色高湯。如果熬煮過頭則會熬煮出魚類惱人的異味，需要特別注意。多半當作海鮮料理的醬汁或湯品的基底使用。若想要熬煮出爽口沒有腥味的魚高湯，重點就在於選擇新鮮且沒有特殊風味的白肉魚魚骨。

野味高湯
fond de gibier

食用鹿、山豬、野兔等狩獵動物，以及雉雞、鷸、鵪鶉等野鳥，法文稱作「gibier」。利用這些野味所熬煮出的褐色高湯便是野味高湯（fond de gibier）。將野味的骨頭和碎肉充分煎過之後再熬煮，作法與小牛高湯幾乎完全相同。但由於野味有獨特的羶腥味，因此多半會加入葡萄酒或辛香料熬煮。

濃縮高湯
glace

各種高湯熬煮至濃稠狀稱作濃縮高湯。各種精華經過濃縮，只要在上桌前加入少量的濃縮高湯，就可以增添料理的風味。一般最常用的是小牛高湯熬煮而成的濃縮高湯，稱作「glace de viande」。

雞高湯
fond de volaille

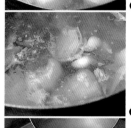

材料（10 ℓ分）

老母雞 ＊1	1隻
雞架 ＊1 （加上老母雞）	7.5kg
水	13 ℓ
洋蔥 ＊2	400g
紅蘿蔔（對半縱切）	400g
芹菜（太粗的話對半切）	100g
韭蔥 ＊3	250g
大蒜（帶皮）	4 瓣
丁香	4 顆
香草束 ＊4	1 束
白胡椒粒	1g

＊1　老母雞和雞架的處理方式與「bouillon」相同（參照 151 頁）。
＊2　洋蔥對半切，上面插上丁香。
＊3　用繩子綁好，預防韭蔥散開。
＊4　與熬煮「bouillon」使用的香草相同

作法

❶ 將老母雞、雞架放入大的鍋子內，加水，開火加熱。如果老母雞和雞架事先沒有處理好，則熬出來的高湯混濁且有臭味。

❷ 沸騰後轉小火，撈取浮渣。

❸ 加入洋蔥、紅蘿蔔、芹菜、韭蔥、香草束、大蒜、白胡椒粒，開大火加熱，等到接近沸騰時轉小火，調整火力，保持液面靜靜滾動的狀態熬煮約 4 小時。過程中繼續仔細地撈取浮渣和油脂。

❹ 照片是熬好的高湯。

❺ 用極細圓錐形濾網靜靜地過濾，不要讓液體變濁。再度開火加熱，沸騰後撈取浮渣，關火後迅速冷卻。

小牛高湯

fond de veau

材料（10 ℓ分）

小牛腱肉（切成 10cm 大小）·········	3kg
小牛腱骨（切成拳頭般大小）·········	12kg
水···········	15 ℓ
洋蔥（切成 2cm 小丁）·········	800g
紅蘿蔔（切成 2cm 小丁）·········	500g
全熟番茄 ＊1 ·········	450 ～ 500g
番茄泥·········	140g
芹菜 ＊2 ·········	150g
韭蔥 ＊3 ·········	200g
大蒜（帶皮對半橫切）·········	1 把
香草束 ＊4 ·········	1 束
白胡椒粒·········	2g
◎沙拉油	

＊1 番茄去除蒂頭，對半橫切。
＊2 太大的芹菜可以切成 2 ～ 3 塊。
＊3 用繩子綁好，預防韭蔥散開，。
＊4 與熬煮「bouillon」使用的香草相同。

作法

❶ 將小牛骨放入煎鍋中，不要重疊，放入 220 ～ 250℃的烤箱中，烤至整體均勻上色為止。

❷ 平底鍋加入適量的沙拉油熱鍋，放入牛腱肉，確實將牛腱肉煎至均勻上色為止。將肉取出，倒掉油脂。

❸ 平底鍋加入適量的沙拉油熱鍋，將洋蔥和紅蘿蔔炒至上色。

❹ 取出❶的小牛骨，倒掉鍋中的油脂後開火加熱。放入少許水，溶解附著在鍋底的褐色精華（déglacer）。然而，如果這些精華燒焦了，則會產生苦味，這時就不要進行「déglacer」的步驟。

❺ 將小牛腱肉、洋蔥、紅蘿蔔、❹的小牛骨和溶解的精華液體、番茄、番茄泥放入大的深鍋中。

❻ 加水後開大火加熱，沸騰後轉小火，撈取浮渣。

❼ 加入芹菜、韭蔥、大蒜、香草束、白胡椒粒開大火加熱，等到接近沸騰時轉小火。保持液面靜靜滾動的狀態熬煮約 8 小時。過程中繼續仔細地撈取浮渣和油脂。如果湯汁變少則加入熱水。

❽ 照片是熬好的高湯。用極細圓錐形濾網靜靜地過濾，再度開火加熱，沸騰後撈取浮渣，關火後迅速冷卻。

魚高湯

fumet de poisson

材料（3 ℓ分）

白肉魚骨·········	3kg
洋蔥·········	80g
紅蔥頭·········	40g
蘑菇·········	80g
白酒·········	300㎖
水·········	3 ℓ
香草束·········	1 束
┌ 巴西里的莖部·········	5 枝
│ 百里香·········	1 枝
└ 月桂葉·········	1 片
白胡椒粒·········	3g
奶油·········	30g

作法

❶ 去除魚骨上殘留的內臟和血塊。為了可以更容易去除中骨當中的血塊，在骨頭劃上 2 ～ 3 道刀痕。

❷ 放在流水下沖洗約 20 分鐘，去除血水。確實將水分擦乾。

❸ 為了在短時間內帶出風味，將洋蔥、紅蔥頭、蘑菇切成薄片。鍋內放入奶油加熱，將蔬菜炒軟，不要上色（suer）。

❹ 將❷的魚骨加入❸中確實炒熟，直到呈現白色為止。在這裡確實炒熟，有助於帶出鮮味。

❺ 加入白酒，開大火加熱至沸騰，蒸發酒精成分，加水。

❻ 沸騰後撈取浮渣。為了讓高湯的味道更清澈，仔細撈取，不要讓湯汁變濁。

❼ 加入香草束、白胡椒粒，保持液面靜靜滾動的狀態熬煮約 30 分鐘。熬煮的過程中若有浮渣，也要仔細撈取（照片是熬好的高湯）。

❽ 用極細圓錐形濾網靜靜地過濾，再度開火加熱，沸騰後撈取浮渣，關火後迅速冷卻。

醬汁用高湯
jus

製作小羊、鴨以及鴿子料理時，為了加強食材的風味，有時會加入使用各自的碎肉和骨頭、骨架等熬製出來的高湯。作法與小牛高湯幾乎完全一樣，但多半會用小牛高湯或雞高湯代替水，在短時間內熬煮完成。用這種方式熬煮出來的高湯稱作「jus」，調味後可以直接當作醬汁使用。

小羊高湯醬汁
jus d'agneau

將小羊的碎肉和骨頭煎過之後，再用小牛高湯或雞高湯熬煮完成。由於完整呈現了小羊的香氣和精華，因此多半當作小羊料理的醬汁使用。

材料（200㎖分）

小羊碎肉和骨頭	500g
洋蔥（切成7～8mm小丁）	30g
紅蘿蔔（切成7～8mm小丁）	30g
芹菜（切成7～8mm小丁）	15g
大蒜（帶皮，輕輕拍碎）	2瓣
白酒	50㎖
番茄泥	15g
雞高湯	600㎖
香草束	1束
┌ 巴西里的莖部	1枝
│ 百里香	1枝
└ 月桂葉	½片
◎沙拉油	

作法

❶ 將小羊的骨頭和碎肉切成小塊，用適量的沙拉油炒至上色。
❷ 等到骨頭和碎肉確實上色後，加入蔬菜和大蒜，蔬菜稍微炒至上色。
❸ 取出放在濾網上，倒掉鍋內多餘的油脂。照片是精華附著在鍋底的樣子。
❹ 將肉和蔬菜放回鍋中，加入白酒，溶解附著在鍋底的精華（déglacer）。
❺ 加入番茄泥和雞高湯，沸騰後轉小火，撈取浮渣和油脂。
❻ 加入香草束。一邊撈取浮渣，一邊維持液面靜靜滾動的狀態，約熬煮45分鐘。
❼ 45分鐘後，湯汁減少，精華全部濃縮在湯汁當中。用極細圓錐形濾網過濾。

用蔬菜熬煮的高湯

利用洋蔥、紅蘿蔔、芹菜等香味蔬菜熬煮高湯。高湯充滿蔬菜的風味，可以用來煮海鮮（pocher），或是濃縮後當作醬汁使用。

海鮮用高湯
court-bouillon

這是將切成薄片的香味蔬菜加入檸檬、葡萄酒醋、白酒，再用大量的水短時間熬煮而成的高湯。主要是用來煮海鮮（pocher），有助於抑制海鮮的腥味，帶出鮮味。煮過海鮮後的液體多半不會用來製作醬汁。

材料（3ℓ分）

洋蔥（切成薄片）	200g
紅蘿蔔（切成薄片）	200g
芹菜（切成薄片）	100g
檸檬（切成圓片）	2片
白酒醋	50㎖
白酒	400㎖
水	3ℓ
香草束＊	1束
白胡椒粒	10粒
鹽	適量

＊ 與熬煮「jus d'agneau」使用的香草相同。

作法

將所有的材料放入鍋中開火加熱。沸騰後轉小火，撈取浮渣。熬煮約20分鐘後用極細圓錐形濾網過濾，冷卻。

龍蝦貝類用高湯
nage

「nage」代表的是游泳的意思。與「court-bouillon」相同，是用來加熱海鮮的高湯，但如果連同這個湯汁一起上桌，那麼這種高湯就被稱作「nage」。由於熬煮濃縮後會用來當作醬汁使用，因此鹽味和醋等酸味不要加太多。有時也會加入奶油增添風味和濃稠度（monter），又或是加入大量的香草當作醬汁使用。經常應用在小龍蝦、龍蝦以及扇貝等料理上。

醬料基底用高湯
bouillon de légumes

這是用香味蔬菜加水或葡萄酒充分熬煮而成的蔬菜高湯。由於帶出了蔬菜的鮮味和甜味，因此多半當作清爽料理或醬汁的基底。

法國料理的醬汁

　　法國料理屬於用醬汁享用食材的料理。就算是同樣的食材，只要變化醬汁，就會成為全新風貌的另一道佳餚，這種神奇的魔法，讓廚師可以自由發揮，隨著時代的變化，不斷地開創出符合人們喜好的醬汁。

　　過去經常可以見到用奶油和麵粉炒成麵糊，再加入大量鮮奶油製成的濃厚醬汁，但是現代人漸漸遠離這種口味，改為追求清爽的醬汁。另外，現代人認為醬汁的味道不該太過搶味，而是應該與料理的主角調和，讓主角更明顯。

　　然而，魚和肉的鮮味、奶油的醇厚、蔬菜的風味、葡萄酒和水果的酸味，將這些全部融為一體製成醬汁，這種醍醐味並不是一朝一夕，也不是靠著突發奇想就可以創造出來。還是必須回到根本，傳承那些一直一來都存在、最基本的醬汁。

　　製作美味醬汁的第一步就是認識基本的味道。慢慢體會與希望呈現料理之間該如何調和，經過無數次的失敗修正，逐漸累積經驗。

　　為了能夠自由呈現各種不同的醬汁，首先必須理解並熟練下面介紹的基本醬汁。

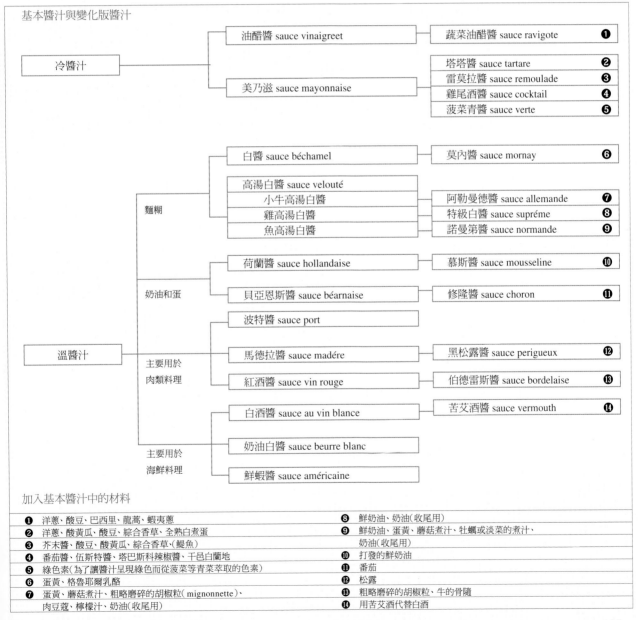

基本醬汁與變化版醬汁

- 冷醬汁
  - 油醋醬 sauce vinaigreet
    - 蔬菜油醋醬 sauce ravigote ❶
  - 美乃滋 sauce mayonnaise
    - 塔塔醬 sauce tartare ❷
    - 雷莫拉醬 sauce remoulade ❸
    - 雞尾酒醬 sauce cocktail ❹
    - 菠菜青醬 sauce verte ❺

- 溫醬汁
  - 麵糊
    - 白醬 sauce béchamel
      - 莫內醬 sauce mornay ❻
    - 高湯白醬 sauce velouté
      - 小牛高湯白醬
      - 雞高湯白醬
      - 魚高湯白醬
        - 阿勒曼德醬 sauce allemande ❼
        - 特級白醬 sauce supréme ❽
        - 諾曼第醬 sauce normande ❾
  - 奶油和蛋
    - 荷蘭醬 sauce hollandaise
      - 慕斯醬 sauce mousseline ❿
    - 貝亞恩斯醬 sauce béarnaise
      - 修隆醬 sauce choron ⓫
  - 主要用於肉類料理
    - 波特醬 sauce port
    - 馬德拉醬 sauce madére
      - 黑松露醬 sauce perigueux ⓬
    - 紅酒醬 sauce vin rouge
      - 伯德雷斯醬 sauce bordelaise ⓭
  - 主要用於海鮮料理
    - 白酒醬 sauce au vin blance
      - 苦艾酒醬 sauce vermouth ⓮
    - 奶油白醬 sauce beurre blanc
    - 鮮蝦醬 sauce américaine

加入基本醬汁中的材料

❶ 洋蔥、酸豆、巴西里、龍蒿、蝦夷蔥
❷ 洋蔥、酸黃瓜、酸豆、綜合香草、全熟白煮蛋
❸ 芥末醬、酸豆、酸黃瓜、綜合香草、(鯷魚)
❹ 番茄醬、伍斯特醬、塔巴斯科辣椒醬、干邑白蘭地
❺ 綠色素(為了讓醬汁呈現綠色而從菠菜等青菜萃取的色素)
❻ 蛋黃、格魯耶爾乳酪
❼ 蛋黃、蘑菇煮汁、粗略磨碎的胡椒粒(mignonnette)、
　 肉豆蔻、檸檬汁、奶油(收尾用)
❽ 鮮奶油、奶油(收尾用)
❾ 鮮奶油、蛋黃、蘑菇煮汁、牡蠣或淡菜的煮汁、
　 奶油(收尾用)
❿ 打發的鮮奶油
⓫ 番茄
⓬ 松露
⓭ 粗略磨碎的胡椒粒、牛的骨隨
⓮ 用苦艾酒代替白酒

醬汁大致可以分成用在沙拉或肉凍等冷菜上的冷醬汁，
和用在溫料理上的溫醬汁兩種。

冷醬汁

具代表性的冷醬汁包括油醋醬（sauce vinaigreet）和美乃滋（sauce mayonnaise）。兩者的基底皆為醋和油，但乳化的方式不同。只要改變醋和油的種類和組合，或是加入其他的材料，就可以變化出各種不同的冷醬汁。

溫醬汁

溫醬汁的範疇十分廣泛，變化多端。本書根據主材料和用途，分成使用麵糊的醬汁、使用奶油和蛋的醬汁、用於肉類料理的醬汁，以及用於海鮮料理的醬汁等4種。

●使用麵糊的醬汁

用奶油炒麵粉得到的麵糊稱作「roux」，主要用來為醬汁增添濃度。可分為不上色的白色麵糊和炒至褐色的褐色麵糊兩種，以這些麵糊為基底製作醬汁。用牛奶溶解白色麵糊製作而成的白醬（sauce béchamel）是使用白色麵糊製作的醬汁中最具代表性的醬汁。一般而言，使用麵糊所製作的醬汁給人一種厚重的印象，由於與最近追求輕盈口感的趨勢不相符，因此登場的機會來愈少。

其他還有下列幾種使用麵糊製作的醬汁。

◎高湯白醬（sauce velouté）

這是使用白色高湯取代牛奶製成的白醬。使用小牛高湯製作而成的是小牛白醬，使用白色的雞高湯製作而成的就是雞白醬，使用魚高湯製作而成的就是魚白醬。很多時候會用水煮主要食材的湯汁來代替高湯製作。高湯白醬不僅是醬汁，也可以當作是濃湯的基底。

◎西班牙醬汁（Espagnole sauce）

這是用褐色的麵糊和小牛高湯製作而成的醬汁。在過去，西班牙醬汁被當作是醬汁和燉煮料理的基底，但現在逐漸被小牛高湯取代。西班牙醬汁再加入小牛高湯熬煮濃縮製成的肉濃縮高湯（sauce demi-glace）是現在日本洋食經常使用的肉濃縮高湯的基礎。

●使用奶油和蛋的醬汁

荷蘭醬（sauce hollandaise）是用蛋黃和無水奶油製作而成的溫醬汁，以經過熬煮的香味蔬菜為基底製成的則是貝亞恩斯醬（sauce béarnaise）。兩者皆使用大量的奶油，由於最近健康意識抬頭，使用的頻率逐漸降低。

●用於肉類料理的醬汁

波特醬（sauce port）、馬德拉醬（sauce madére）、紅酒醬（sauce au vin rouge）等，這些葡萄酒熬煮濃縮後加入小牛高湯製成的濃醇醬汁多半用來搭配肉類料理。這些醬汁過去是用肉濃縮高湯（sauce demi-glace）當作基底製作，但現在多半改用小牛高湯製作，口感也比較輕盈。

●用於海鮮料理的醬汁

共有以魚高湯為基底製作而成的白酒醬（sauce au vin blance）、濃縮精華加入大量奶油製作而成的奶油白醬（sauce beurre blanc），以及用甲殼類的殼製成的蝦蟹醬（sauce Américaine）等。

油醋醬

sauce vinaigrette

這是用混合醋和油製成的基本醬汁。與沙拉、水煮蔬菜、肉和海鮮等冷菜十分搭配，在日本被稱作法國醬，非常受到歡迎。只要改變醋和油的種類，或是加入其他材料，就可以享受各種不同的風味。

材料（約260mℓ分）
白酒醋 ·······50mℓ
芥末醬 ·······15g
沙拉油 ·······200mℓ
◎鹽、胡椒

作法
❶ 鋼盆中放入適量鹽和胡椒，再加入芥末醬和白酒醋。
❷ 用打蛋器攪拌均勻，讓鹽充分溶解。
❸ 一邊用打蛋器攪拌，一邊慢慢倒入沙拉油。確認味道，最後再用鹽和胡椒調味。

美乃滋
sauce mayonnaise

乳化醋和油的原理與油醋醬相同,但相較於放置後油醋醬會逐漸分離,美乃滋由於加入了蛋黃,因此不容易分離。除了可以沾蔬菜之外,也可以搭配海鮮、雞肉、豬肉等冷菜享用。只要加入不同的材料就可以變化出不同的顏色和味道,應用範圍十分廣泛。

材料(約200g分)

蛋黃	1顆
白酒醋	10ml
芥末醬	15g
沙拉油	200ml

◎鹽、胡椒

* 為了讓蛋和油更容易混合,使用前放置在常溫下回溫。

作法

❶ 鋼盆中放入適量蛋黃、鹽、胡椒,加入芥末醬,倒入一半量的白酒醋,用打蛋器充分攪拌,讓鹽溶解。

❷ 一邊用打蛋器攪拌,一邊慢慢倒入沙拉油乳化。

❸ 等到倒入一半的沙拉油後,加入剩下的白酒醋攪拌均勻。

❹ 沙拉油一開始是少量慢慢加入,等到有了一定的濃稠度之後可以增加一次加入的量,充分攪拌均勻。等到沙拉油全部倒入後,用力攪拌,充分乳化。確認味道,最後再用鹽和胡椒調味。

風味奶油

這是奶油加巴西里或是紅蔥頭、鯷魚等各種材料製成的風味奶油。可以直接當作沾醬使用,或是加入燉煮料理或醬汁中增添風味和濃度。

巴西里檸檬奶油
這是風味奶油的一種,奶油混合巴西里和檸檬,可以搭配燒烤的肉類和魚類享用。
作法是將切碎的巴西里(8g)、檸檬汁(10ml)、鹽(3g)、胡椒(適量)與回軟的奶油充分混合。根據用途不同,可以直接擠出使用,或是用保鮮膜整形包好,放入冰箱冷藏備用。

白醬
sauce béchamel

日本稱作「white sauce」,多半用來製作焗烤料理或奶油可樂餅等,非常受到歡迎。白色麵糊加入牛奶攪拌,做出無結塊的滑順醬汁。

材料(約900ml分)

白色麵糊

麵粉	60g
奶油	60g
牛奶	1ℓ
鹽	8g

◎胡椒

作法

❶ 首先製作白色麵糊。將奶油放入鍋中加熱。

❷ 奶油溶解後關火,加入過篩後的麵粉。

❸ 用木鏟將奶油和麵粉充分拌勻。如果在火上攪拌則容易結塊,需要特別注意。

❹ 再次開火,用小火確實拌炒,小心不要燒焦。一開始的質地粗糙,但慢慢地就會變得光滑。

❺ 用木鏟舀起,若醬汁落回鍋中時呈線條狀,就可以關火。將鍋子放在冷水中降溫。這就是白色的麵糊。

❻ 冷卻後的白色麵糊加熱至接近沸騰,加入經過加熱的牛奶,再度開火。就像這樣,讓麵糊和牛奶有一定的溫度差可以避免結塊。用打蛋器攪拌,加熱至接近沸騰,質地也變得濃稠為止。

❼ 用小火熬煮一開始雖然會有黏性,但黏性會慢慢消失而變得輕盈。等到醬汁變得滑順之後再用鹽和胡椒調味。

❽ 用極細圓錐形濾網過濾。

荷蘭醬
sauce hollandaise

蛋黃加入少量的水混合，一邊隔水加熱，一邊充分攪拌，慢慢加入無水奶油加以乳化。荷蘭醬的風味單純，可以當作水煮海鮮或蔬菜的醬汁使用。另外，由於經過烘烤後的顏色非常漂亮，因此可以用在僅需要烘烤表面的焗烤料理等。

材料（約450㎖）

蛋黃⋯⋯⋯⋯⋯⋯⋯⋯⋯⋯⋯⋯⋯ 4 顆
水⋯⋯⋯⋯⋯⋯⋯⋯⋯⋯⋯80 ～ 100㎖
無水奶油 ＊⋯⋯⋯⋯⋯⋯⋯⋯⋯300㎖
卡宴辣椒粉⋯⋯⋯⋯⋯⋯⋯⋯⋯⋯少許
檸檬汁⋯⋯⋯⋯⋯⋯⋯⋯⋯⋯⋯⋯適量
◎鹽、胡椒
＊　參照 172 頁。

作法

❶　製作無水奶油。隔水加熱讓奶油融化，取上半部（照片所示黃色的部分），用廚房紙巾過濾。
❷　鋼盆中放入蛋黃和水，隔著 65 ～ 70℃的熱水，用打蛋器充分攪拌。
❸　充分攪拌加熱，直到到質地變得濃稠且可以看到鍋底為止。
❹　從熱水上取下，一邊用打蛋器攪拌，一邊慢慢加入❶的微溫無水奶油加以乳化。加入鹽、胡椒、卡宴辣椒粉、檸檬汁調味，再用極細圓錐形濾網過濾。

貝亞恩斯醬
sauce béarnaise

作法與荷蘭醬幾乎完全相同，但貝亞恩斯醬加入了用紅蔥頭、龍蒿、白酒醋、白胡椒粒熬煮而成的濃縮精華，最後又加入了切碎的香草增添風味。與燒或烤過的紅肉和烤魚非常搭配。

材料（約450㎖）
濃縮精華
　紅蔥頭（切碎）⋯⋯⋯⋯⋯⋯⋯30g
　龍蒿（切末）⋯⋯⋯⋯⋯⋯⋯⋯ 3g
　白胡椒粒（大致切碎）⋯⋯⋯⋯ 3g
　白酒醋⋯⋯⋯⋯⋯⋯⋯⋯⋯⋯100㎖
蛋黃⋯⋯⋯⋯⋯⋯⋯⋯⋯⋯⋯⋯⋯ 4 顆
水⋯⋯⋯⋯⋯⋯⋯⋯⋯⋯⋯⋯⋯⋯50㎖
無水奶油 ＊⋯⋯⋯⋯⋯⋯⋯⋯⋯280㎖
綜合香草⋯⋯⋯⋯⋯⋯⋯⋯⋯⋯⋯ 6g
◎鹽
＊　參照 172 頁。

作法

❶　製作濃縮精華。將材料放入鍋內，用小火慢慢熬煮，直到幾乎所有水分都蒸發為止。
❷　關火。加水後移到鋼盆中，加入蛋黃。一邊隔水加熱，一邊與製作荷蘭醬時相同，用打蛋器充分攪拌。為了不要讓蛋黃凝固，有時從熱水中取出，調整溫度。
❸　從熱水中取出，一邊用打蛋器攪拌，一邊慢慢倒入無水奶油，加以乳化。用鹽調味，再用極細圓錐形濾網過濾，最後再加入綜合香草。

燉番茄泥

將熟透的番茄切碎後熬煮製成。可以直接當作醬汁使用，也可以在希望為料理增添番茄風味時使用。

材料（60 ～ 70g）
紅蔥頭（切碎）⋯⋯⋯⋯⋯⋯⋯⋯15g
番茄果肉（大致切碎）⋯⋯⋯⋯150g
橄欖油⋯⋯⋯⋯⋯⋯⋯⋯⋯⋯⋯10㎖
百里香葉⋯⋯⋯⋯⋯⋯⋯⋯⋯⋯少許
◎鹽、胡椒

作法

❶　鍋內放入橄欖油加熱，加入紅蔥頭炒軟，不要上色（suer）。加入番茄和百里香。
❷　熬煮至看不出番茄的形狀為止。用鹽和胡椒調味。

照片是波特醬

波特醬
sauce porto

馬德拉醬
sauce madère

經過熬煮濃縮後的波特酒或馬德拉酒加入小牛高湯製成，是非常濃醇厚實的醬汁。與燒、烤、煎肉、雞、鴨，以及肥肝料理非常搭配。使用波特酒製成的稱作波特醬，使用馬德拉酒製成的則稱馬德拉醬。另一種作法是用葡萄酒溶解煎過肉類後殘留在鍋底的精華，再用這個液體製作醬汁。

材料（約400ml）
波特酒或是馬德拉酒（甘口）····· 150ml
濃縮的小牛高湯 ＊ ····················400ml
用水調勻的玉米粉······················適量
奶油（提味用）·························20g
◎鹽、胡椒
＊　800ml 的小牛高湯熬煮至400ml。

作法
❶ 鍋內倒入波特酒或馬德拉酒，慢慢地熬煮至剩下 ⅓ 量。加入小牛高湯，稍微熬煮入味。加入用水調勻的玉米粉增加濃稠度。
❷ 根據喜好加入奶油調整濃度（提味用），再用鹽和胡椒調味。

紅酒醬

sauce vin rouge

正如其名，這是用紅酒加入切碎的紅蔥頭慢慢熬煮而成的醬汁。紅酒讓顏色更深，味道更濃醇。

材料（約250ml）
紅蔥頭（切碎）······················50g
紅酒·······························500ml
濃縮的小牛高湯 ＊ ··················250ml
用水調勻的玉米粉······················適量
奶油（提味用）·························20g
◎鹽、胡椒
＊ 500ml 的小牛高湯熬煮至 250ml。

作法
❶ 鍋內放入紅蔥頭和紅酒，用小火熬煮至剩下 1/5。加入小牛高湯稍加熬煮入味，加入用水調勻的玉米粉增加濃稠度。
❷ 一邊按壓紅蔥頭，一邊用極細圓錐形濾網過濾。再度開火加熱，滾了之後加入奶油增添風味（monter）。用鹽和胡椒調味。

白酒醬
sauce vin blanc

這是紅蔥頭、蘑菇、魚高湯、白酒熬煮後加入鮮奶油所製成，是搭配海鮮料理的醬汁中最具代表性的醬汁。用少量液體煮食材的時候（pocher à court-mouillement），可以用這些材料將海鮮煮熟，再將剩餘的湯汁加鮮奶油製成醬汁。有時最後還會加入奶油增添風味。白酒也可以用香檳或苦艾酒代替，變化出不同口味的醬汁。

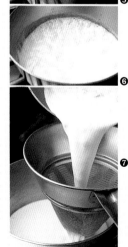

材料（約300ml）
紅蔥頭（切碎）······················40g
蘑菇（切成薄片）····················40g
白酒·······························200ml
魚高湯·····························400ml
鮮奶油·····························200ml
檸檬汁·······························適量
◎鹽、胡椒

作法
❶ 鍋內放入紅蔥頭、蘑菇、白酒，加熱至沸騰。
❷ 轉小火，維持液面靜靜滾動的狀態，熬煮至剩下約¼。
❸ 加入魚高湯。
❹ 一邊撈取浮渣，一邊用小火熬煮，維持液面靜靜滾動的狀態，熬煮至剩下約⅓，帶出風味。
❺ 加入鮮奶油，用打蛋器攪拌均勻。
❻ 稍微熬煮增加濃稠度。
❼ 用極細圓錐形濾網過濾，再用鹽、胡椒、檸檬汁調味。

溫醬汁：用於海鮮料理的醬汁

溫醬汁：用於海鮮料理的醬汁

蝦蟹醬

sauce américaine

這是用甲殼類的殼製作而成的紅色醬汁。原本是「美國風味燉煮龍蝦」這道菜的醬汁，後來成為一的獨立的醬汁，被認為是海鮮類料理的代表性醬汁之一。醬汁的味道受到主材料甲殼類鮮度的影響，因此需要特別注意。

奶油白醬

beurre blanc

這是與烤或煮海鮮非常搭配的醬汁。用白酒和白酒醋熬煮紅蔥頭製成濃縮精華，再加入大量的奶油製成。也可以加入香草或香料做出變化。

材料（約300㎖）

濃縮精華
  紅蔥頭（切碎）……………60g
  白酒……………450g
  白酒醋……………30㎖
鮮奶油……………50㎖
奶油 ＊……………300g
檸檬汁……………少許
◎鹽、胡椒
＊ 用手指用力按壓會留下凹陷的回溫軟奶油。

作法

❶製作濃縮精華。將紅蔥頭、白酒、白酒醋放入鍋內開火。滾了之後轉小火，慢慢熬煮至水分幾乎完全收乾。
❷加入鮮奶油，用打蛋器充分攪拌均勻。
❸在微微沸騰的狀態下分數次加入奶油。每次加入後都要迅速用打蛋器充分攪拌，加以乳化。
❹用鹽和胡椒調味。
❺用極細圓錐形濾網過濾，將紅蔥頭所含的精華按壓出來。確認味道，若有需要可以加入檸檬汁補強酸味。

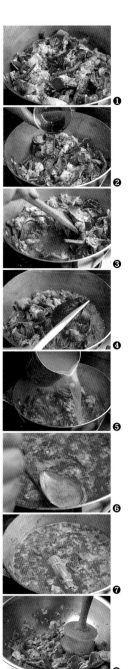

材料（約800㎖）

甲殼類的殼（切成大塊）＊1……800g
大蒜（壓碎）……………3瓣
洋蔥（切成5cm小丁）……………100g
紅蘿蔔（切成5cm小丁）……………100g
芹菜（切成5cm小丁）……………90g
干邑白蘭地……………75㎖
白酒……………200㎖
全熟番茄（帶皮去籽，大致切碎）120g
番茄泥……………100g
魚高湯……………1.5ℓ
香草束 ＊2……………1束
  百里香、龍蒿……………各1枝
  巴西里的莖部……………1枝
  月桂葉……………½片
橄欖油……………50㎖
奶油……………20g
奶油麵糊（beurre manié）＊3……30g
卡宴辣椒粉……………少許
◎鹽、胡椒
＊1 龍蝦、梭子蟹、日本龍蝦等。
＊2 用芹菜將香草束的材料包住綁緊。
＊3 用等量麵粉和奶油所製成。在替醬汁增添濃度時使用。

作法

❶鍋內放入橄欖油，用大火熱鍋，直到冒出煙為止。放入甲殼類的殼拌炒。等到殼變紅之後轉小火，加入奶油拌炒大蒜、洋蔥、紅蘿蔔、芹菜。
❷加入干邑白蘭地，開火蒸發酒精成分（flambé），同時增添酒的香氣，去除甲殼類特有的腥味。
❸加入白酒，溶解附著在鍋底的精華（déglacer）。熬煮至剩下一半的量，蒸發白酒的酒精成分。
❹加入番茄和番茄泥拌勻。番茄泥主要是為了補強番茄的風味。
❺加入魚高湯，加熱至沸騰，讓雜質浮上來。
❻轉小火，撈取浮渣。然而，與雜質一起浮上來的紅色油脂含有鮮味和香氣，因此不要撈取。
❼加入香草束，維持液面靜靜滾動的狀態約熬煮20分鐘。
❽用極細圓錐形濾網過濾備用。取出香草束，將殼和蔬菜放入鋼盆中，為了帶出更多的鮮味，用木杵將殼搗碎，但盡量保持蔬菜的完整。
❾將過濾後的湯汁、香草束和搗碎的殼、蔬菜放回鍋中，繼續熬煮約20分鐘。
❿一邊用木杵按壓，一邊用極細圓錐形濾網過濾。
⓫再度開火加熱至沸騰，用奶油麵糊調整濃稠度。再用極細圓錐形濾網過濾，最後用鹽、胡椒、卡宴辣椒粉調味。

處理肉類的方式

肉類大致可以分為家畜、家禽，以及狩獵而來的食用野味 3 種。根據肉的種類和部位不同，處理的方式也不同，必須根據欲烹調的料理，用最快且最不浪費的方法去除不需要的部分，分割並修整形狀。

修整雞肉

處理雞和鴨等家禽類的第一步驟就是火燒去除表面殘留的毛（flambé），同時去除內臟（vider）、脖子、翅膀和腳等無法食用的部分（parer），這一連串去除不要部位的動作法文稱作「habiller」。買回來的家禽很多都已經去毛和去內臟，因此下面介紹如何去除無法食用的部分。

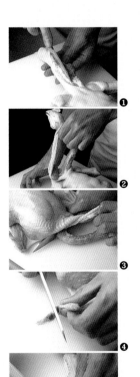

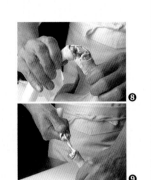

切開脖子

❶ 在脖子背側的皮下刀，劃一道縱向刀痕。
❷ 拉扯脖子，讓脖子與皮分離。
❸ 從脖子的根部下刀，以按壓刀子的方式將脖子切開，再從脖子將頭切下。

處理翅膀

❹ 切除翅膀尖端的爪。
❺ 將翅膀尖端（比關節處再前面一點）切除。

切除足部

❻ 切除腳和腳筋。首先用刀沿著足關節，在皮上劃一圈。
❼ 切除粗的肌腱。
❽ 朝著關節反方向凹折。
❾ 抓住足部，一邊扭轉，一邊朝前拉，連同腳筋和腳一起拉開。
＊ 製作烤全雞時用的是其他的處理方式，留下雞腳，只去除腳筋（參照 162 頁）。

去除鎖骨

像烤全雞這種整隻雞經過烹調之後再切割的料理，切割時脖子根部的鎖骨非常礙事，因此事前最好先去除。

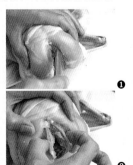

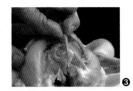

❶ 沿著脖子根部的鎖骨下刀，劃上刀痕。
❷ 將鎖骨拉起切除。
❸ 照片是拉起切除的狀態。

將雞分解成四大塊

從修整完的雞肉中取出 2 塊雞胸肉和 2 塊雞腿肉。取雞胸肉可分成帶骨和不帶骨的 2 種方式，下面介紹的是在帶骨的狀態下取下 4 大塊雞肉的方法。

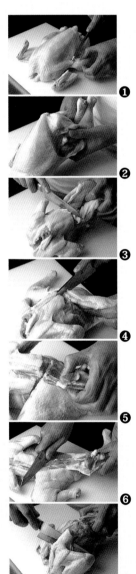

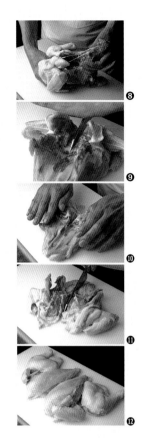

切下雞腿肉

❶ 將雞胸朝上放置，在兩邊雞腿關節處的雞皮劃上刀痕。
❷ 將雞腿肉向外扳開，直到露出軟骨為止，將關節折斷。
❸ 翻面，雞背朝上放置，在兩邊雞腿關節處的雞皮劃上橫向的刀痕。
❹ 再從雞背到雞屁股劃上縱向刀痕。
❺ 將手指放入骨盤上的刀痕處，將骨盤上凹陷部位的肉翻起切下（sot-l'y-laisse）。
❻ 用刀子按住雞肉，將雞腿拉下，最後再用刀子將皮切斷。另一隻腿也用同樣的方式切下。

切下背骨

❼ 將雞背朝上放置，從肩胛骨和背骨之間下刀。
❽ 將手指放入雞脖子的根部，將背骨從雞胸拉下。

將雞胸肉切成 2 塊

❾ 在雞胸中央軟骨處劃上刀痕。
❿ 用兩手從刀痕處拉開攤平。
⓫ 從雞胸中央部分切成 2 塊。
⓬ 分解後的 2 塊雞胸肉和 2 塊雞腿肉。

去除雞腿骨

去除雞腿骨,將雞腿肉攤開,可以直接煎或烤,又或者是填入內餡後捲起來,也可以切成小塊使用。

去除上腿骨

❶ 從上腿骨(大腿骨)到下腿骨為止,沿著骨頭劃上刀痕。

❷ 從關節處下刀。

❸ 將肉翻面,切除關節周圍的筋。用刀子壓住上腿骨前端,拉下腿骨,將肉與骨頭分離。

❹ 切除骨頭前端的筋和軟骨,去除上腿骨。

去除下腿骨,將肉攤開

❺ 留下一小段下腿骨,剩下的用刀刃敲打切開。

❻ 將下腿肉翻面,用刀子壓住骨頭,將肉與骨頭拉開。

❼ 切除骨頭前端的筋和軟骨,去除下腿骨。

❽ 切除留在腿肉上剩餘的骨頭,軟骨也一併去除。

❾ 照片是去骨攤開後的雞腿肉。

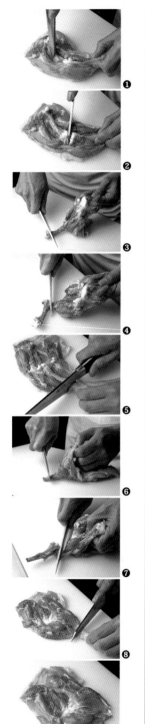

烤全雞時留下雞腳 去除腳筋

提供烤全雞等將整隻雞端上桌的料理時,要留下雞腳,僅去除腳筋。

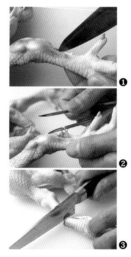

❶ 用刀尖在雞腳內側雞皮劃上刀痕。

❷ 用調理叉等挑出腳筋。

❸ 為了讓整隻雞上桌的時候更美觀,留下長長的雞腳,僅將雞腳的前端去除即可。

用細繩縫雞肉, 修整形狀(brider)

烤或煮整隻雞的時候用細繩縫綁雞肉,整理形狀(雞肉去除不可食用的部分和鎖骨)。

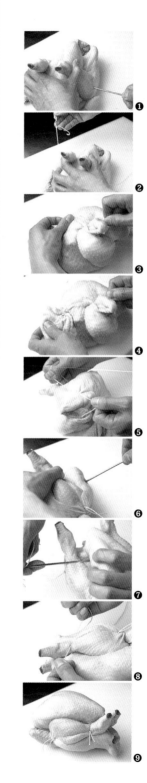

❶ 將雞胸朝上放置,抓起兩隻腳壓向頭部方向,讓腿肉關節盡量靠近翅膀部位。在這個狀態之下,將針刺入腿肉關節內側。

❷ 再從反方向相同的位置將針穿出。

❸ 針穿出後再刺入雞翅的中央部位。

❹ 翻面,雞背朝上,將脖子的雞皮套在背側縫好,將針從相反方向的雞翅中央部位穿出。如此一來,細繩就會呈現 匸 字形。

❺ 將細繩在側面綁緊後剪斷。

❻ 雞胸朝上放置,從屁股側面刺針,通過骨盤上方,再從相反方向的屁股側面出針。

❼ 穿出的針通過側面雞腳的上方,用細繩將雞腳綁緊,再將針穿過雞胸肉前端突出部分的皮。

❽ 反方向也相同,用側面剩餘的細繩將雞腳綁緊,再將細繩頭兩端打結固定。

❾ 這是縫綁整形後的狀態。

用細繩綁雞肉，
修整形狀（ficeler）

烤全雞的時候也可以用「綁」代替
「縫」來修整形狀。

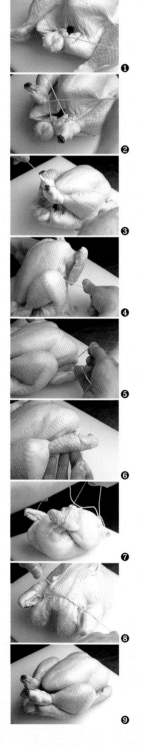

❶ 將雞脖子的皮折向背側。將雞胸
朝上放置，將細繩放在屁股三角形脂
肪部位交叉。

❷ 以❶為支點，將兩腳纏成8字
形。

❸ 將細繩拉緊，把雞腳固定。

❹ 交叉的細繩沿著腿部關節纏繞。

❺ 將細繩繞到雞翅下方。

❻ 纏繞雞翅綁緊。

❼ 抓緊纏繞後的細繩，一邊拉，一
邊翻轉雞肉，讓雞背朝上。

❽ 讓雞翅緊貼雞身，在脖子的上方
將細繩綁緊，剪掉多餘的細繩。

❾ 這是綁緊整形後的狀態。

處理小羊背肉

小羊背肉是背部有肋骨的肉，在背骨
的左右兩側，英文稱作「rack」。連
同肋骨切割下來的肉稱作排骨
（cotelette）。

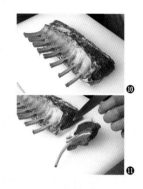

❶ 用刀子切皮的前端，用手抓住，
撕開背肉表面的薄皮。用刀子刮除多
餘的脂肪。

❷ 沿著背骨下刀。

❸ 將肉立起來，用刀子敲打，將背
骨切除。

❹ 除了❸的方法之外，也可以用剪
刀將背骨剪除。

❺ 這是去除背骨後的狀態。

❻ 去除取下背骨後剩餘的硬筋。從
靠近脖子部位、脂肪與肉的中間下
刀，拉出半月形的軟骨切除。

❼ 將肋骨朝上放置，在距離前端
3～4cm處，劃上與背部平行的刀
痕。每一根肋骨之間都劃上一道刀
痕，直到肋骨的前端為止。

❽ 從刀痕處用刀子刮除薄皮，讓骨
頭一根一根露出來。

❾ 切除肋骨下方多餘的肉。

❿ 這是露出肋骨的羊排。在這個狀
態下可以烤來食用。

⓫ 沿著每一根肋骨將羊肉切下
（cotelette）。

163

從小羊的鞍下肉 （selle）取出菲力肉

「selle」是背肉後方相當於腰部位置的肉，日文稱作「鞍下肉」。可以整塊燒烤，或是取出菲力部分切成厚圓片後煎或烤。

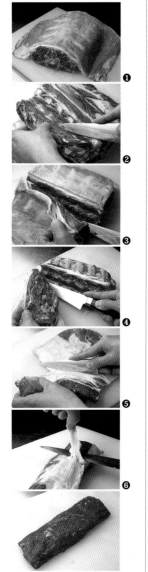

用細繩綁羊肉， 修整形狀（ficeler）

為了讓烤或燉煮整塊肉時的形狀更美觀，用細繩綑綁，修整形狀。

❶ 這是未處理的鞍下肉。以背骨為中心，上色大塊的紅肉是菲力（filet），下面小塊的紅肉則是小菲力（filet mignon）。
❷ 背部朝下放置，沿著骨頭下刀，不要留下多餘的肉，切除小菲力。
❸ 接著切除菲力。背部朝上放置，沿著骨頭從中央部位下刀，沿著骨頭外側滑動刀子，將肉切下。
❹ 反方向也用相同的方式將肉切下。
❺ 切下來的肉，背部朝下放置，從脂肪和紅肉的交界處下刀，將菲力切下。另一邊也用同樣的方式將肉切下。
❻ 拉掉菲力的筋。抓住筋的前端朝刀子的反方向拉扯，同時將刀子平放插入筋和肉之間，慢慢滑動刀子。
❼ 照片是去除脂肪和筋之後的菲力。

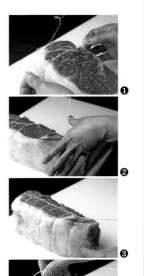

❶ 細繩繞過肉的前端綁緊。
❷ 將細繩繞到左手打一個圈，讓肉穿過繩圈，再將細繩拉緊。
❸ 維持一定的間隔，重複同樣的動作直到肉的另一端為止。
❹ 將肉翻面，將細繩繞過繩圈拉緊，重複同樣的動作直到肉的另一端為止。將肉翻回正面，與❶的細繩打結。剪掉多餘的細繩。

處理小牛的胸腺 （ris de veau）

胸腺是小牛或小羊才有的器官，非常柔軟且容易散開，處理時必須非常小心。處理過後可以用煎或蒸煮的方式烹調。

❶ 將胸腺泡水一晚去血水（dégorger）。
❷ 放入大量的水中，開火慢慢加熱至沸騰，水煮 2～3 分鐘後取出。
❸ 立刻放入冷水中冷卻。
❹ 去除表面的脂肪、筋以及薄皮。如果去除過多的薄皮則容易散開，需要特別注意。
❺ 用廚房紙巾包起來，放上稍微有一點重量的重物，放置一晚。在這個狀態下烹調。

分解兔肉

幾乎所有的兔肉買來的時候就已經是剝好皮、去除內臟的狀態。切割後可以用烤、煎、燉的方式烹調。肝臟和腎臟也經常用來入菜。

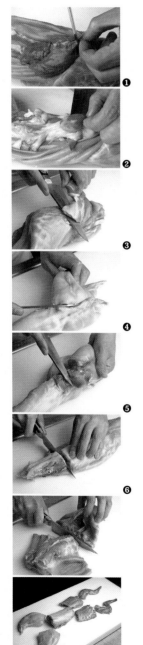

❶ 切下頭部，去除肝臟。

❷ 同樣去除腎臟和肺。

❸ 將刀子滑入前腿關節部位，將前腿切下。另一邊的腿腿也用同樣的方式切下。

❹ 沿著骨盤下刀。

❺ 向外凹折後將腿將關節折斷，刀子朝著尾部滑動，將後腿切下。另一邊的腿也用同樣的方式切下。

❻ 切除殘留在身體上的後腿根部。

❼ 在肋骨底端從背骨的兩側下刀，切開胸肉和背肉。

❽ 這是前腿、胸部（中央對切成2塊）、背肉、腿肉切割後的狀態。

處理海鮮類的方式

魚的處理包括去除魚鰭、魚鱗、內臟，再根據烹調用途分割、整形。這時最重要的是迅速、清潔、美觀這三點。尤其是盡量讓手碰魚的部位和時間降到最低。由於法國料理將魚分類為大魚、圓形魚、扁形魚，因此下面便依照這樣的分類介紹處理的方式。

圓形魚的處理方式

褐菖鮋、鯖魚、鱸魚、鱈魚、鮭魚等，這些都是屬於從正面看起來是圓形，或是接近圓形的魚。這些多半是去除內臟後整條使用，或是分解成三塊後使用，又或是帶骨切成圓片使用。

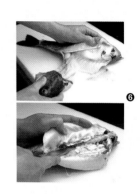

❻

去除不可食用的部分
（例：鱸魚）

去除魚鰭、魚鱗、內臟，用水清洗血塊等，這一連串去除不可食用部分的動作稱作「habiller」。

❶

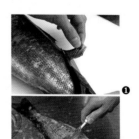
❷

❸

❹

❺

去除魚鰭和魚鱗

❶ 用調理剪刀將除了尾鰭以外的魚鰭剪掉。

❷ 用魚鱗刀從魚尾朝向魚頭刮取魚鱗，再用水沖洗乾淨。

❸ 擦乾水分，從頭頂朝向胸鰭，劃一道深的刀痕，刀痕深至魚頭後方。反面也用相同的方式劃上刀痕。

去除魚頭和內臟

❹ 切開頭的關節部位，與中骨分離。

❺ 將魚肚朝己側放置，刀刃向上，從肛門開始滑動刀子，將魚肚切開。

❻ 連同魚頭一起，去除內臟。

去除血塊沖洗

❼ 將魚肚剖開，在附著在中骨中央粗骨頭上的血合薄膜上劃上刀痕，將血合和魚肚內清洗乾淨，水分擦乾。之後基本上不再用水沖洗。

分解成三塊

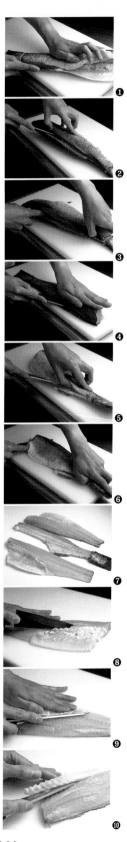

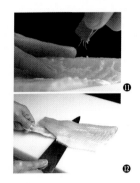

將魚肉從中骨切離
❶ 將去除不可食用部位後的魚頭朝右，魚肚朝己側放置。掀起魚肚肉，從魚肉和中骨之間下刀。沿著中間的粗骨，在中骨的上方滑動刀子，一直到魚尾為止。
❷ 改變魚的方向，魚尾朝右，魚背朝己側放置。從背側魚肉和中骨之間下刀，與❶相同，滑動刀子，朝著魚頭方向前進。
❸ 刀刃向上放入魚尾根部，改變刀子的方向，將骨頭與魚肉切離（照片魚尾根部的刀痕是剛上岸處理時的痕跡）。

將另一邊的魚肉從中骨切離
❹ 翻面，魚背朝己側，魚頭朝右放置。從背側下刀，與❶相同，朝著魚尾滑動刀子。
❺ 改變魚的方向，魚肚朝己側，魚尾朝右放置。從魚尾朝向魚頭，用同樣的方式切割。
❻ 用左手按壓魚尾，用與❸相同的方式將魚肉切離。
❼ 切下的 2 片魚肉和中骨。分解完成。

切除腹骨
❽ 刀刃向上，將腹骨挑起。
❾ 從挑起的部分下刀。
❿ 沿著腹骨滑動刀子。

拔除細小的魚骨
⓫ 用夾子拔除去粗的骨頭之後剩下的細小魚骨。用手指輕輕按壓魚肉，確認沒有殘留任何細小的魚骨。

去除魚皮
⓬ 魚皮朝下，將魚尾朝己側放置。在靠近魚尾位置的魚肉前端，留下魚皮，劃上刀痕。用左手拉扯魚皮，再將刀子放入魚皮和魚肉之間，前後滑動，朝著魚頭的方向前進，去除魚皮。

從魚鰓去除內臟（例：鯛魚）

烹調一整條魚，或是要在魚肚內填入內餡的時候，不需要剖開魚肚，就可以去除內臟。

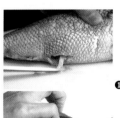

❶ 去除魚鰭和魚鱗。在肛門部位劃上一道約 2cm 的刀痕，拉出魚腸後切斷。
❷ 拉開魚鰓，用剪刀將魚鰓上下的關節剪斷。魚鰓四周的薄膜也要剪斷。
❸ 拉開魚鰓，將魚鰓和內臟一起拉出。用水充分清洗魚肚，再將水分充分清洗乾淨。

扁形魚的處理方式

牛舌魚、比目魚、鰈魚等從正面看起來薄且扁平的魚多半會分解成三塊或五份。

去除不可食用的部分
（例：牛舌魚）

扁形魚的處理方式與圓形魚相同，去除魚鰭、魚鱗、內臟後用水清洗。然而，比目魚多半不去鱗，而是直接將魚皮剝掉。無論如何，重點都是要迅速，且小心不要傷害魚肉。

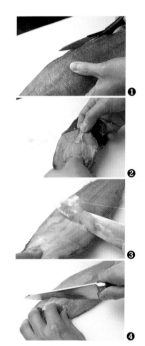

分解成五塊

扁形魚幾乎都會分解成五塊。由於魚肉很薄，處理時需要特別注意。

切除魚鰭
❶ 用剪刀剪去魚鰭。

去除魚皮
❷ 將牛舌魚的正面朝上，魚頭朝左放置。手指沾鹽止滑，確實抓緊魚頭前端的魚皮撕開。左手按著魚，右手抓緊魚皮，朝向魚尾方向拉扯將皮撕下。反面也用同樣的方式將去除魚皮。

去除魚鱗
❸ 根據烹調的料理不同，有時會留下牛舌魚反面的魚皮。這時，在去除表面魚皮的之前，先用刀子從魚尾開始刮除魚鱗，用水清洗乾淨後再將水分擦乾。處理鰈魚和比目魚時，兩面都用同樣的方式去除魚鱗，分解成五塊之後再與處理分解成三塊圓形魚同樣的方式去除魚皮（參照166頁）。

切除魚頭和內臟
❹ 魚頭和內臟一起斜切去除。

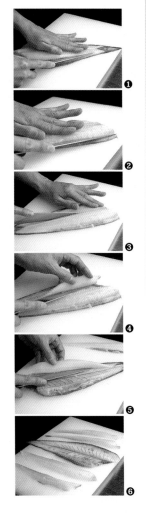

另一邊的魚肉。反面也用同樣的方式將魚肉切下。
❻ 正面腹側和背側的兩塊魚肉，反面同樣切下兩塊魚肉，加上中骨，總共分解成了五塊。

分解成三塊

將魚分解成正面的魚肉、反面的魚肉以及中骨的方法。小型的牛舌魚有時會分解成三塊。

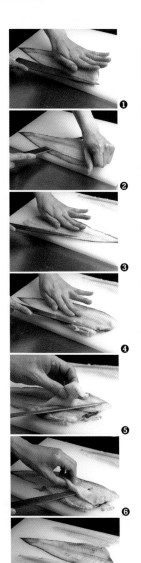

❶ 舌平目表面朝上，魚頭朝己側放置。從魚尾側面下刀，劃上刀痕。
❷ 將魚轉向180度，魚尾朝己側放置，同樣在反面的魚尾側面劃上刀痕。
❸ 沿著中央的粗骨，劃上一道縱向刀痕。
❹ 從中央的刀痕下刀，朝著魚側的方向，沿著中骨大動作滑動刀子，將魚肉切下。
❺ 將魚轉向180度，從魚尾轉向魚頭。同樣從中央的刀痕下刀，朝著魚側的方向，沿著中骨滑動刀子，切下

切下表面的魚肉
❶ 將牛舌魚正面朝上，魚尾朝己側，魚頭朝後放置。從右邊魚側位置下刀，朝著魚尾方向前進。
❷ 用左手確實按住魚頭，沿著中骨大動作滑動刀子，將正面的魚肉切下。

切下反面的魚肉
❸ 將魚翻面，魚頭朝前放置。從魚側開始，沿著中骨下刀。
❹ 將魚轉向180度，同樣從魚側沿著中骨下刀。
❺ 在魚頭關節部位切離中骨的粗骨和魚肉。
❻ 繼續沿著中骨滑動刀子，朝著魚尾方向前進，切下反面的魚肉。
❼ 這是分解成正面魚肉、反面魚肉、中骨的牛舌魚。

用來分解魚的刀子
couteau à filet de sole

這是用來將牛舌魚或比目魚等分解成五塊的刀子。由於刀刃十分柔軟且有彈性，因此可以沿著扁形魚的中骨切下魚肉。

將魚切塊（例：比目魚）

將帶骨的大型扁形魚切塊的方式。

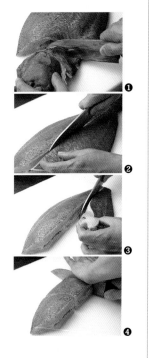

去除魚頭
❶ 將比目魚除了魚尾以外的魚鰭用剪刀剪除。黑色的魚皮面朝上放置，從魚頭關節處下刀。再從魚鰭後方下刀，以 V 字形的方式將魚頭切下。

將魚切成相同重量的魚塊
❷ 從正面中央部位下刀，縱向劃一道刀痕，直到魚尾為止。
❸ 從刀痕的部位下刀，將魚縱切成兩半，分成背部和腹部兩塊。
❹ 與中央粗骨垂直下刀，連同魚骨一起切割。分割的時候盡量讓每一塊魚等重。

處理貝類

處理貝類

確實將淡菜殼上的髒汙去除乾淨。由於淡菜的足絲連接著岩石和淡菜，因此一定要去除。

❶ 用刀子刮除淡菜表面上的髒污，再用刷子將髒污確實刷洗乾淨。淡菜殼圓弧面朝前，用手握住，再用刀尖按住露出淡菜殼外的足絲，再將足絲拉出。

處理扇貝

打開扇貝殼，去除內臟、腸泥、生殖腺，再取出瑤柱。

❶ 將扇貝殼隆起的那一面朝下握住。拿小刀從空隙處下刀，沿著平的那一面殼將瑤柱切下。
❷ 等到完整切下瑤柱後將貝殼打開。拿掉平的那一面殼。
❸ 拿小刀從瑤柱和貝殼之間下刀，將貝肉與貝殼分離，連同汁液一起放入鋼盆中。
❹ 用手去除內臟、腸泥、薄膜，更講究的話連生殖腺也一起去除。
❺ 去除瑤柱上白色堅硬的部分。
❻ 用冷水稍微清洗，將水分擦乾。

處理牡蠣

牡蠣殼用水充分清洗乾淨，為了避免手在開牡蠣的時候受傷，處理時用毛巾將牡蠣包起來。

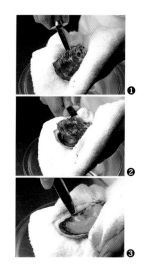

❶ 將牡蠣殼的關節（oyster hinge）朝己側放置在濕布上，牡蠣殼平的那一面朝上。用開牡蠣的專用刀插入比右側正中央稍微上面一點的部分（有瑤柱），大約深至殼的一半位置。
❷ 沿著殼向前滑動牡蠣刀，切下瑤柱，將殼打開。
❸ 從瑤柱的下方下刀，切下牡蠣肉，連同汁液一起放入鋼盆中。如果要使用汁液，則需要過濾。

蔬菜的切法和處理方式

蔬菜的處理方式大約包括清洗、去除不要的部分、切成需要的形狀等，由於每一種蔬菜的形狀和性質都不相同，因此必須配合根據蔬菜種類做出適當的處理。下面介紹蔬菜的基本切法和名稱，以及朝鮮薊和番茄的處理方式。

A　蔬菜的切法

下面介紹幾種蔬菜共同的切法，包括切末、條狀、薄片、切成小丁，以及當作配菜時的切法。切法根據蔬菜的大小和粗細不同，有時會有不同的名稱，但手法相同。無論如何，根據蔬菜的性質、加熱時間以及希望呈現的方式不同，必須調整蔬菜的大小和厚薄。

切

【切碎】（例：紅蔥頭）
ciseler

留下形狀切碎。

❶　將剝皮後的紅蔥頭對半縱切。切口朝下，根部朝前放置，與砧板垂直（縱向）劃上細絲刀痕，但不要切斷。

❷　將根部轉向左邊，刀子與砧板平行（橫向）劃上 3～4 道刀痕。

❸　從最旁邊開始切碎。

❹　這就是切碎後仍看得出形狀的紅蔥頭。

【切末】（例：紅蔥頭）
hacher

切成細末。

❶　將切碎的蔬菜切得更碎。方法是用左手按住刀尖，以此為支點，右手上下擺動刀子切碎。

❷　照片是切末的紅蔥頭。

切成長條形

【長條形】（例：紅蘿蔔）
bâtonnet

這是將蔬菜切成細長條形的方法，大約是寬 5～6mm、長 5～6cm。比這個更細，如火柴棒（寬約 3cm）般的長條稱作「allumette」，再細的則是如右的「julienne」。

❶　紅蘿蔔削皮後切成 5～6cm 長段，切掉四周成為一個四角形。沿著纖維切成 5～6mm 厚的薄片。

❷　維持斷面為正方形，沿著纖維，切成寬 5～6mm 的長條形。

❸　照片是切成長條形後的紅蘿蔔。

【切絲】（例：紅蘿蔔）
julienne

將蔬菜切成細絲。長度約為 5cm。

❶　紅蘿蔔削皮後切成 5～6cm 長段，沿著纖維切成 1～2mm 的薄片。

❷　讓❶的紅蘿蔔薄片稍微交錯重疊放置。

❸　沿著纖維切成 1～2mm 的細絲。

❹　照片是切成細絲後的紅蘿蔔。

切成薄片

【薄片】（例:紅蔥頭）
émincer

切成厚度為數 mm 的薄片。

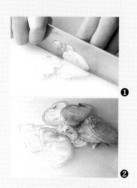

❶ 將紅蔥頭對半切，去除根部的芯。從最旁邊開始切成薄片。
❷ 照片是切成薄片後的紅蔥頭。

【正方形薄片】（例:紅蘿蔔）
paysanne

這是將蔬菜切成正方形薄片的方法。尺寸根據用途而改變，大約是 1cm 的正方形，厚 1～2mm。

❶ 將紅蘿蔔切成長條狀，橫向並排，再從最旁邊開始切成 1～2mm 的薄片。
❷ 照片是切成正方形薄片後的紅蘿蔔。

切成小丁

【立方體】（例:紅蘿蔔）
dé

這是將蔬菜切成立方體的方法。當中，切成大約 1cm 立方體的稱作「macédoine」，切成比這個更小，大約 3mm 立方體的則稱作「brunoise」。

❶ 與切成正方形薄片（paysanne）的切法相同，首先切成長條形。並排放好後再從最旁邊開始切成等寬的立方體。
❷ 照片是切成立方體後的紅蘿蔔。

當作配菜使用

【橄欖球狀】（例:馬鈴薯）
tourner

這是削去馬鈴薯、紅蘿蔔、蕪菁等蔬菜切口稜角的方法。尤其是馬鈴薯，削成胖胖橄欖球狀的稱作「château」（長約 6cm），比較小的則稱作「cocotte」（長約 4～5cm）。

❶ 馬鈴薯削皮去除兩端。
❷ 根據馬鈴薯的大小直接使用，或是切成 2～4 塊。
❸ 一鼓作氣將側面削圓。
❹ 慢慢地向左轉動馬鈴薯，削去稜角。每轉一次削 6～7 次，則形狀更美觀。

【橄欖球狀】（例:蘑菇）
tourner

蘑菇削成橄欖球狀指的是在蘑菇的罩傘上刻上放射狀的花紋。美觀的外表非常適合用來當作配菜使用。

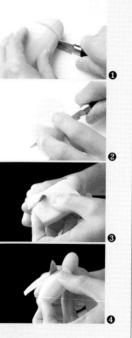

❶ 用刀尖在罩傘的中心點做上記號。以此為基礎，刻上花紋。
❷ 握住刀腹，讓刀刃在 1 上留下印記。
❸ 手腕向前轉動，讓刀子削去罩傘的表面，左手同時向反方向轉動，刻下溝痕。
❹ 慢慢向左迴轉，重複同樣的動作一圈。
❺ 這是刻上花紋後的蘑菇。

【取出果肉】(例：檸檬)
quartier

指的是將柑橘類水果剝皮後取出果肉。

根據蔬菜的種類不同處理方式也不同，下面介紹朝鮮薊的處理方式和番茄的去皮方式。除了朝鮮薊之外，容易變色的蔬菜可以浸泡在加了檸檬汁的水當中，又或是汆燙後使用。

朝鮮薊

可以吃的是花蕾部分被花萼包住的花托（芯）。將芯取出後可以水煮、炒、焗烤，或是製成沙拉食用，也可以連同花萼一起水煮後再一片一片剝下，同時享用根部和芯部。

番茄

番茄皮會影響口感，番茄籽的酸味也會影響風味，因此有些料理會事先用熱水去除番茄皮，同時去籽。

❶　切去檸檬上下果皮，露出果肉。
❷　將檸檬直立放置於砧板上，沿著檸檬的弧形，削去果皮和薄皮。
❸　削皮露出果肉後沿著其中一瓣果肉左側的薄皮下刀，深達檸檬中心。用刀刃挑起果肉，將果肉取下。也可以從每一瓣果肉兩兩側薄皮下刀取下果肉。向左旋轉，用同樣的方式取出下一瓣果肉。剩下的薄皮可以用來擠汁。

❶　握住莖部，從莖部與花蕾交接處折斷，將芯部中間的硬纖維也一同取出。
❷　剝下底部和側面的花萼，直到露出花芯為止。
❸　切除上方 2/3 部分。
❹　剝去周圍剩餘的花萼，削去切口稜角，修整形狀。
❺　為了預防變色，剝下後立刻塗上檸檬，如此一來，水煮之後的成品也更美觀。
❻　如果沒有立刻要用，則可以浸泡在加了檸檬汁的水當中。
❼　放入加了橄欖油和檸檬汁的水當中，蓋上紙鍋蓋，加熱水煮至軟嫩為止。冷卻後去除內側纖毛。

❶　去除蒂頭，在頭頂部的番茄皮上劃上十字刀痕，放入沸騰的熱水中快速汆燙。
❷　用網勺撈起後立刻放入冰水中。
❸　用小刀從刀痕處剝去番茄皮。
❹　對半橫切，用湯匙的柄等去除番茄籽。

其他食材的處理方式

香草束

香草束是用來為高湯、醬汁，或是燉煮料理增添香草的香氣。為了可以完整放入和取出，用芹菜的莖或韭蔥綠色葉子將香草包住後再用繩子綁緊。

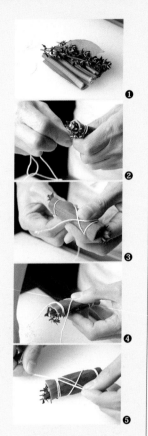

❶ 一般使用的是百里香、月桂葉、巴西里的莖，但根據料理不同，有時也會加入其他的香草。
❷ 將香草集結成束後，用韭蔥綠色葉子部分包住，兩端用細繩綁緊。
❸ 將兩端的細繩交叉，各自帶到韭蔥的另一端後繞圈。
❹ 反面也用同樣的方式交叉。將細繩帶回原本的那一端。
❺ 繞圈後綁緊，避免散開。

麵包丁

將吐司切成喜歡的形狀後再用油拌炒。切成小丁的麵包丁可以為湯品或沙拉增添獨特的口感。

❶ 平底鍋內放入奶油和沙拉油加熱。等到氣泡變小後，放入切成約 5mm 小丁的吐司。
❷ 逼出吐司吸入的油脂，將麵包丁炒得香脆。
❸ 餘溫有可能會讓麵包丁燒焦，因此在快要變成淡褐色時撈起，將油瀝乾。
❹ 盤子放上廚房紙巾等吸油。

無水奶油

奶油融化後只取上層清澈的部分。由於沒有混雜不純物質，因此比普通的奶油不容易燒焦。

❶ 奶油放入鋼盆中隔水加熱，慢慢將奶油融化。熱水不需要沸騰，只要是能讓奶油融化的溫度即可。
❷ 加熱後放置，慢慢地奶油會分成 2 層。下面白色的那一層是蛋白質和乳糖等乳脂肪之外的成分，上面黃色那一層則是奶油的乳脂肪。撈取表面浮渣，撈取上面黃色部分，再用廚房紙巾等過濾之後，得到的就是無水奶油。

派皮

交疊白麵團和奶油所製成的麵團，經過烘烤後會出現一層層有如樹葉般的薄層。由於使用了大量的奶油，因此折疊的時候要不時地將麵團放入冰箱降溫。這種麵團可以用來包裹食材後烘烤、製成肉凍，或是製成甜點的千層派。

材料（1.2kg）
白麵團
- 低筋麵粉⋯⋯⋯⋯⋯⋯⋯250g
- 高筋麵粉⋯⋯⋯⋯⋯⋯⋯250g
- 奶油⋯⋯⋯⋯⋯⋯⋯⋯⋯70g
- 水⋯⋯⋯⋯⋯⋯⋯⋯⋯⋯250g
- 鹽⋯⋯⋯⋯⋯⋯⋯⋯⋯⋯10g
奶油（冷藏備用）⋯⋯⋯⋯380g
◎手粉（高筋麵粉）

作法
❶ 製作白麵團。低筋麵粉和高筋麵粉過篩後加入撕成小塊的奶油放入鋼盆中，一邊捏碎奶油，一邊結合奶油和麵粉。冷水加鹽溶解後慢慢加入，與麵粉揉合。

❷ 等到麵團的硬度如耳垂般時，放到料理台上，將麵團揉至光滑。

❸ 將麵團整成一個圓形，劃上十字刀痕，用保鮮膜包好後放入冰箱鬆弛1小時。

❹ 冷藏備用的奶油撒上手粉，用擀麵棍敲打延展成約20cm的正方形。將❸擀成比奶油大的正方形。

❺ 奶油轉45度後放置在白麵團上。為了讓麵團更容易擀開，維持白麵團和奶油的柔軟度一致。

❻ 用白麵團將奶油包起來，注意不要包入多餘的空氣。

❼ 用擀麵棍將麵團的兩端壓緊，不要讓奶油露出來。

❽ 用擀麵棍將麵團擀成3倍長，再折成3折。

❾ 轉向90度，再一次擀成3倍長後折成三折。動作迅速，不要讓奶油變得過軟。

❿ 經過2次延展後折3折的動作後，在麵團角落用兩根手指按壓做上記號，用塑膠袋包起來放入冰箱鬆弛1小時。每兩次放入冰箱鬆弛，共重複6次折三折的動作。

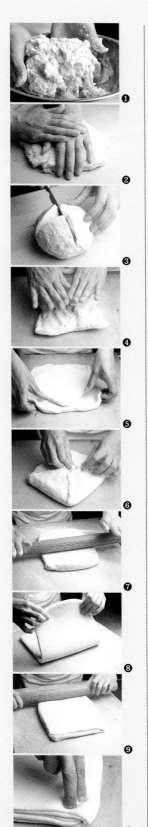

手工麵條

法文將麵稱作「nouille」，手工麵經常用來當作料理的配菜使用。這裡介紹的是加了雞蛋的基本作法。秘訣在於將麵團充分揉至光滑，讓麵更有嚼勁。揉完之後稍微鬆弛，之後再擀開切割。

材料
- 高筋麵粉⋯⋯⋯⋯⋯⋯⋯100g
- 鹽⋯⋯⋯⋯⋯⋯⋯⋯⋯少許
- 蛋⋯⋯⋯⋯⋯⋯⋯⋯⋯50g

作法
❶ 高筋麵粉過篩後放入鋼盆中，中間挖一個洞，放入加了少許鹽打散的蛋。

❷ 用叉子舀起周圍的麵粉輕輕拌勻。

❸ 大致拌勻後改用手揉。

❹ 等到成團後放到調理台上，確實將麵團揉至光滑。

❺ 用義大利麵壓麵機延展麵團。適當折好後轉向90度，再度使用壓麵機延展麵團。重複這樣的動作來壓製麵團。

❻ 等到麵團變得光滑後用保鮮膜包好，放入冰箱鬆弛30分～1小時，降低筋度。

❼ 用壓麵機壓成喜歡的厚度。

❽ 將麵團切成麵條的長度（約25cm）。

❾ 根據喜好設定壓麵機的寬度，切割麵條。

❿ 這是完成的手工麵，乾燥後加以保存。

法國料理用語

aïoli〔蒜味蛋黃醬〕
這是普羅旺斯地方用大蒜、蛋黃、橄欖油製作的乳化醬汁。

anglaise〔蛋奶醬〕
蛋加鹽、胡椒、少量的油、水，充分攪拌均勻製成。主要用來沾取麵包粉。

arroser〔淋油〕
在烤或煎的烹調過程當中淋上油脂。對於防止表面乾燥、讓食材均勻上色等很有效果。

assaisonner〔調味〕
用鹽和胡椒調味。

bâtonnet〔長條狀〕
小的條狀之意，指的是切成細長形的東西。

beurre clarifié〔無水奶油〕
經過淨化的奶油。

beurre manié〔奶油麵糊〕
用等量麵粉和奶油製成的麵糊，用來增加湯汁或醬汁的濃度。

beurre noisette〔焦香奶油〕
加熱至褐色的奶油。又稱作焦化奶油，可以用來製作牛排、炸豬排、炸魚等的醬汁。

bouquet garni〔香草束〕
綁成一束的香草。

brider〔用細繩縫綁整形〕
用細繩縫綁固定整隻雞的雞翅和雞腳，修整形狀。

brunoise〔切成小的立方體〕
將蔬菜切成小的立方體。

caraméliser〔焦化〕
砂糖開火加熱溶解上色，製成焦糖。

chinois〔圓錐形濾網〕
金屬製的圓錐形過濾器，可分為細網和粗網兩種。

ciseler〔切碎〕
將紅蔥頭等切碎，還可以看得出形狀。如果是生菜等，指的則是切絲。另外也可以指在魚等食材上劃上淺的刀痕。

clarifier〔淨化〕
去除高湯或奶油當中的不純物質。

cocotte〔橄欖球形狀〕
馬鈴薯去除切口稜角，削成 4 ～ 5cm 大小的橄欖球形狀。

concasser〔切碎、搗碎〕
指的是將番茄大致切碎，或是將顆粒胡椒搗碎。另外也可以指將雞或魚的骨頭切成大塊。

confit〔油封〕
主要指的是將鵝、鴨、豬肉等放在自己的油脂中以低溫慢慢烹調，之後再浸在自己的油脂中保存的料理。

cuire〔加熱〕
加熱烹調。

dé〔切丁〕
將肉或蔬菜切成小丁。

déglacer〔溶解精華〕
用葡萄酒或高湯溶解煎完肉之後附著在鍋底的肉汁等精華。

dégorger〔去血水〕
為了去除食材的血液或雜質，用冷水或流水沖洗。

dénerver〔去筋〕
去除肉的筋和肌腱。

duxelles〔蘑菇泥〕
這是將蘑菇和紅蔥頭切末後用奶油拌炒，水分蒸發後的東西，可以當作內餡使用。

écumer〔撈浮渣〕
去除液體表面的浮渣。

émincer〔切薄片〕
將蔬菜、水果等切成薄片。

escalope〔片肉〕
將肉或魚斜切成薄片。

étuver〔燜煮〕
蓋上鍋蓋，用少量的油脂（和液體）慢慢加熱。

farce〔內餡〕
用來填充的內餡。

feuilletage〔派皮〕
折疊的派皮麵團。

ficeler〔用細繩捆綁〕
用細繩捆綁，調整形狀。

flamber〔火燒〕
淋上酒之後點火，蒸發酒精成分，讓香氣留在料理上。

fondant(e)〔融化的〕
代表「如口即化」之意。用來指加熱至非常柔軟的蔬菜（例如：馬鈴薯）。

G

garniture〔配菜〕
搭配料理的菜餚。

gibier〔野味〕
狩獵捕獲的可食用野生動物總稱，大致可以分為鳥類和哺乳類。鳥類主要包括鵪鶉、山鵪鶉、雉雞、綠頭鴨、灰林鴿等。哺乳類則主要包括鹿、山豬、野兔等。

glacer〔上色〕
上菜前用烤箱或明火烤箱為料理的表面上色。另外也可以指用水、奶油、砂糖熬煮小洋蔥或紅蘿蔔等蔬菜。

habiller〔處理魚和雞〕
事先將魚和雞處理至可烹調的狀態。

hacher〔切末〕
將食材切末。

julienne〔切絲〕
將食材切絲。

jus〔汁〕
指的是湯汁、汁液等，也可以指在烹調時產生的液體，含有食材的鮮味。

lier〔增加濃稠度〕
增加濃稠度。

M

macédoine〔切成約 1cm 的立方體〕
切成約 1cm 的立方體的蔬菜或水果。又或是指混合幾種切成 1cm 立方體的蔬菜。

mandoline〔切片器〕
蔬菜的切片器。可以將蔬菜切成薄片、細絲或是網狀。

marinade〔醃醬〕
醃漬用的醬汁。

mariner〔醃漬〕
將肉或魚放進油或醋、葡萄酒等液體當中添加風味、消除異味、讓食材更軟嫩。

mignonnette〔粗粒〕
搗碎或磨碎後的顆粒胡椒。

mijoter〔煨〕
保持微微沸騰的狀態，用小火慢慢熬煮。液面輕輕搖晃的狀態。

mirepoix〔切成小丁的香味蔬菜〕
切成小丁的香味蔬菜，主要用來增添

醬汁或滷汁的風味。一般多用紅蘿蔔、洋蔥、芹菜等。

monder〔去皮〕
汆燙剝去番茄或杏仁皮。

monter〔提升風味與濃度〕
醬汁最後加入奶油，提升濃度與風味，讓醬汁更滑順。

moulin à légumes〔絞碎器〕
用來過濾煮熟蔬菜的器具。

nouille〔麵條〕
麵。

parer〔去除不可食用部分〕
去除不可食用部分，將食材修整成可以烹調的形狀。

paysanne〔切成正方形薄片〕
將蔬菜切成正方形薄片。

pistou〔青醬〕
這是普羅旺斯地方一種用羅勒葉加大蒜、橄欖油搗碎製成的醬料。同時也可以指加了青醬的蔬菜湯。

quenelle〔魚肉丸〕
這是將小牛、雞肉，或是魚肉搗碎後加入蛋和鮮奶油等混合均勻，捏成小的橄欖球形狀後水煮而成的東西，又或指這個形狀的東西。

réduction〔濃縮精華〕
經過熬煮濃縮的精華。尤其是在製作貝亞恩斯醬或奶油白醬的時候，指的是紅蔥頭加白酒、白酒醋熬煮至水分收乾為止的精華。

rissoler〔表面上色〕
用大火為肉等食材的表面上色。

rosé〔粉紅色〕

粉紅色，指的是將小羊、鴨、鴿子等烤至中心部位尚且呈現粉紅色的狀態。

roulade〔肉捲〕
肉類填充內餡後捲成的肉捲。

roux〔麵糊〕
用奶油拌炒麵粉製成，用來增添醬汁的濃度。根據上色的程度可分為白色麵糊和褐色麵糊。

salamandre〔明火烤箱〕
只有上火的烤箱，為料理上色時使用。

steam convection over〔蒸氣旋風烤箱〕
擁有從熱烤箱中送出蒸氣，利用風扇循環讓食材可以均勻加熱功能的烤箱。

suer〔炒軟〕
用奶油或油，以小火慢慢將蔬菜炒軟，不要上色，慢慢帶出食材的水分。

tapenade〔普羅旺斯調醬〕
普羅旺斯地方一種用黑橄欖、酸豆、鯷魚、橄欖油等製成的調醬。

tourner〔去除稜角〕
去除馬鈴薯、紅蘿蔔、蕪菁等的切口稜角。另外也可以指為蘑菇刻花紋裝飾。

tronçon〔圓切塊〕
將食材切成圓形切塊。又或是指將比目魚等的背骨切成 2 塊，再分割成幾塊帶骨的魚肉。

vider〔去除內臟〕
去除魚和雞等的內臟。

素材別索引

國家圖書館出版品預行編目 (CIP) 資料

依烹調技法學做正統法國料理 / 辻專業廚藝聯盟校著；陳
心慧譯. —— 初版. —— 新北市：遠足文化．西元 2015.08
—— (Master；6) 譯自：調理法別フランス料理
ISBN 978-986-5787-93-6（平裝）

1. 烹飪　2. 食譜　3. 法國

427.12　　　　　　　　　　　　104006380

MASTER 06

依烹調技法
學做正統法國料理

調理法別フランス料理

作者　　　辻調理師専門学校
譯者　　　陳心慧
總編輯　　郭昕詠
編輯　　　王凱林、賴虹伶
封面設計　霧室
排版　　　健呈電腦排版股份有限公司

社長　　　郭重興
發行人兼
出版總監　曾大福

出版者　　遠足文化事業股份有限公司
地址　　　231 新北市新店區民權路 108-3 號 6 樓
電話　　　(02)2218-1417
傳真　　　(02)2218-1142
電郵　　　service@bookrep.com.tw
郵撥帳號　19504465
客服專線　0800-221-029
部落格　　http://777walkers.blogspot.com/
網址　　　http://www.bookrep.com.tw
法律顧問　華洋法律事務所　蘇文生律師
印製　　　成陽印刷股份有限公司
電話　　　(02)2265-1491

初版一刷　西元 2015 年 8 月
Printed in Taiwan
有著作權　侵害必究